"十二五"国家重点出版物出版规划项目

图解畜禽标准化规模养殖系列丛书

兔标准化规模养殖图册

谢晓红　易　军　赖松家　主编

中国农业出版社

内容简介

　　本书图文并茂地介绍兔标准化规模养殖全过程的关键技术环节和要点，包括兔场建设、兔的品种与繁殖技术、兔的饲料与日粮配制、兔的饲养管理技术规范、兔场环境卫生与防疫、兔常见疾病诊治、兔产品加工、兔场经营管理等内容。文中收录的图片和插图生动、逼真，文字简练、通俗、富有趣味，图解技术规范、标准、易懂易学，适合兔场及相关技术人员参考。

丛书编委会

本书编委会

总　序

　　我国畜牧业近几十年得到了长足的发展和取得了突出的成就，为国民经济建设和人民生活水平提高发挥了重要的支撑作用。目前，我国畜牧业正处于由传统畜牧业向现代畜牧业转型的关键时期，畜牧生产方式必须发生根本的变革。在新的发展形势下，尚存在一些影响发展的制约因素，主要表现在畜禽规模化程度不高，标准化生产体系不健全，疫病防治制度不规范，安全生产和环境控制的压力加大。主要原因在于现代科学技术的推广应用还不够广泛和深入，从业者的科技意识和技术水平尚待提高，也就需要科技工作者为广大养殖企业和农户提供更加浅显易懂、便于推广使用的科普读物。

　　《图解畜禽标准化规模养殖系列丛书》的编写出版，正是适应我国现代畜牧业发展和广大养殖户的需要，针对畜禽生产中存在的问题，对猪、蛋鸡、肉鸡、奶牛、肉牛、山羊、绵羊、兔、鸭、鹅等10种畜禽的标准化生产，以图文并茂的方式介绍了标准化规模养殖全过程、产品加工、经营管理的关键技术环节和要点。丛书内容十分丰富，包括畜禽养殖场选址与设计，畜禽品种与繁殖技术、饲料与日粮配制、饲养管理、环境卫生与控制、常见疾病诊治与防疫、畜禽屠宰与产品加工、畜禽养殖场经营管理等内容。

　　本套丛书具有鲜明的特点：一是顺应"十二五"规划要求，引领产业发展。本套丛书以标准化和规模化为着力点，对促进我国畜牧业生产方式的转变，加快构建现代产业体系，推动产业转型升级，深入推进畜牧业标准化、规模化、产业化发展具有重要意义。二是组织了实力雄厚的创作队伍，创作团队由国内知名专家学者组成，其中主要包括大专院校和科研院所的专家、教授，国家现代农业产业技术体系的岗位科学家和骨干成员、养殖企业的技术骨干，他们长期在教学和畜禽生产一线工作，具有扎实的专业理论知识和实践经验。三是立意新颖，用图解的方式完整解析畜禽生产全产业链的关键技术，突出标准化和规模化特色，从专业、规范、标准化的角度介绍国内外的畜禽养殖最新实用技术成果和标准化生产技术规程。四是写作手法创新，突出原创，用作者自己原创的照片、线条图、卡通图等多种形式，辅助以诙谐幽默的大众化语言来讲述畜禽标准化规模养殖以及产品加工过程中的关键技术环节和要求，以及经营理念。文中收录的图片和插图生动、直观、科学、准确，文字简练、易懂、富有趣味性，具有一看就懂、一学即会的实用特点。适合养殖场及相关技术人员培训、学习和参考。

本套丛书的出版发行，必将对加快我国畜禽生产的规模化和标准化进程起到重要的助推作用，为现代畜牧业的持续、健康发展产生重要的影响。

中国工程院院士
中国畜牧兽医学会理事长　　陈焕春
华中农业大学教授

2012年10月8日

序

　　进入21世纪以来，国家鼓励发展草食畜牧业。作为草食畜牧业重要组成部分的兔产业，也得到了大力扶持，不仅制定了有利于产业发展的多种优惠政策，而且在新技术的研发方面投入了大量经费，使得我国兔产业在21世纪的头十年取得了长足进步。为顺应兔产业发展需要，在国家兔产业技术体系经费支持下，四川省畜牧科学研究院、四川农业大学、四川省草原科学研究院、山西省农业科学院畜牧兽医研究所、成都大学和四川哈哥兔业有限公司等单位长期工作在科研、教学、生产一线的多位专家、学者和技术人员精心编著了这本《兔标准化规模养殖图册》。

　　《兔标准化规模养殖图册》针对我国家兔产业的现状、发展趋势和从业人员的技术需求，改变了传统的过于偏重文字叙述的写作方法，采用了图文并茂、科学规范、突出应用、言简意赅的创作风格，以简洁明了的文字、诙谐幽默的旁白和丰富多彩的图片，从兔场规划建设、品种与繁殖、饲料与日粮配制、饲养管理技术、常见疾病诊治、粪污及病死兔无害化处理、产品初加工和兔场经营管理等方面，向读者生动形象地展示了专业化、规模化和标准化的家兔养殖理论和关键技术。

　　该书在内容上汇集了国内外关于规模化和标准化养殖方面最新的科技成果，特别是公益性行业（农业）专项"肉兔高效饲养技术研究与示范"和国家兔产业技术体系启动运行以来的最新成果。书中的大量图片多来源于我国家兔规模化和标准化养殖实践，具有较高的实用价值。作为一本介绍兔标准化和规模化养殖方面的技术图册，内容全面、重点突出，既强调科学性又注重实践性，具有容易学习、可读性强、便于普及推广的特点，特别适合生产一线的兔业从业人员学习，对相关领域大中专院校师生也有很好的参考价值。

当前，我国兔产业正处于由传统分散养殖向标准化和规模化生产转型的关键时期，《兔标准化规模养殖图册》的出版恰逢其时，相信该书会成为我国兔产业经营者、技术和饲养人员的良师益友，必将对我国兔产业的标准化规模养殖起到重要的助推作用。

国家兔产业技术体系首席科学家　秦应和

2012年9月6日

序

进入21世纪以来，国家鼓励发展草食畜牧业。作为草食畜牧业重要组成部分的兔产业，也得到了大力扶持，不仅制定了有利于产业发展的多种优惠政策，而且在新技术的研发方面投入了大量经费，使得我国兔产业在21世纪的头十年取得了长足进步。为顺应兔产业发展需要，在国家兔产业技术体系经费支持下，四川省畜牧科学研究院、四川农业大学、四川省草原科学研究院、山西省农业科学院畜牧兽医研究所、成都大学和四川哈哥兔业有限公司等单位长期工作在科研、教学、生产一线的多位专家、学者和技术人员精心编著了这本《兔标准化规模养殖图册》。

《兔标准化规模养殖图册》针对我国家兔产业的现状、发展趋势和从业人员的技术需求，改变了传统的过于偏重文字叙述的写作方法，采用了图文并茂、科学规范、突出应用、言简意赅的创作风格，以简洁明了的文字、诙谐幽默的旁白和丰富多彩的图片，从兔场规划建设、品种与繁殖、饲料与日粮配制、饲养管理技术、常见疾病诊治、粪污及病死兔无害化处理、产品初加工和兔场经营管理等方面，向读者生动形象地展示了专业化、规模化和标准化的家兔养殖理论和关键技术。

该书在内容上汇集了国内外关于规模化和标准化养殖方面最新的科技成果，特别是公益性行业（农业）专项"肉兔高效饲养技术研究与示范"和国家兔产业技术体系启动运行以来的最新成果。书中的大量图片多来源于我国家兔规模化和标准化养殖实践，具有较高的实用价值。作为一本介绍兔标准化和规模化养殖方面的技术图册，内容全面、重点突出，既强调科学性又注重实践性，具有容易学习、可读性强、便于普及推广的特点，特别适合生产一线的兔业从业人员学习，对相关领域大中专院校师生也有很好的参考价值。

当前，我国兔产业正处于由传统分散养殖向标准化和规模化生产转型的关键时期，《兔标准化规模养殖图册》的出版恰逢其时，相信该书会成为我国兔产业经营者、技术和饲养人员的良师益友，必将对我国兔产业的标准化规模养殖起到重要的助推作用。

国家兔产业技术体系首席科学家　秦应和

2012年9月6日

编 者 的 话

近年来，随着我国居民生活水平不断提高，消费者对肉、蛋、奶等畜禽产品的数量和质量提出了更高的要求。国家高度重视现代畜牧业生产，出台各类帮扶政策，组建现代农业产业技术体系，使我国肉类、禽蛋产量连续多年稳居世界第一。然而，我国畜牧业正处于由传统畜牧业向现代畜牧业转型的关键时期，在畜牧业高速发展和规模扩张的同时，也带来了一些不容忽视的问题，如养殖设施不齐备、饲养管理不规范、良种良繁率不高、饲料配方科学化和疾病防疫制度化程度不高、粪污无害化处理普及率低，从而导致了畜禽病多、淘汰率高、单产低、环境污染日趋加重、畜禽产品安全隐患突出、养殖综合效益低等系列问题。随着我国工业化、城镇化的快速发展，农村劳动力转移，散养农户逐步退出，规模化养殖场逐步增加。因此，要有效解决现代畜牧业面临的诸多问题，必须转变养殖观念、加大先进技术的集成应用力度，提升现代科技水平，实现畜禽规模养殖的科学化和标准化。

长期以来，我国动物营养、育种繁殖、疫病防控、食品加工等专业人才培养滞后于实际生产发展的需要，养殖场从业人员的文化程度和专业水平普遍偏低。虽然近年来出版的有关畜禽养殖生产的书籍不断增多，但是养殖场的经营者和技术人员难以有效理解书籍中过多和繁杂的理论知识并用于指导生产实践。为了促进和提高我国畜禽标准化规模养殖水平、普及标准化规模养殖技术，出版让畜禽养殖从业者看得懂、用得上、效果好的专业书籍十分必要。2009年，编委会部分成员率先编写出版了《奶牛标准化规模养殖图册》，获得读者广泛认可，在此基础上，我们组织了四川农业大学、中国农业大学、中国农业科学院北京畜牧兽医研究所、山东农业大学、山东省农业科学院畜牧兽医研究所、华中农业大学、四川省畜牧科学研究院、新疆畜牧科学院以及相关养殖企业等多家单位的长期在教学和生产一线工作的教授和专家，针对畜禽养殖存在的共性问题，编写了《图解畜禽标准化规模养殖系列丛书》，期望能对畜禽养殖者提供帮助，并逐步推进我国畜禽养殖科学化、标准化和规模化。

　　该丛书包括猪、蛋鸡、肉鸡、奶牛、肉牛、山羊、绵羊、兔、鸭、鹅等10个分册，是目前国内首套以图片系统、直观描述畜禽标准化养殖的系列丛书，可操作性和实用性强。然而，由于时间和经验有限，书中难免存在不足之处，希望广大同行、畜禽养殖户朋友提出宝贵意见，以期在再版中改进。

编委会

2012年9月

目　　录

第一章　兔场的建设

第一节　兔场选址

场址选择主要从以下几个方面进行综合选址：

● **地势和地形**　兔场规划选址应符合国家和当地土地开发利用政策和农牧业发展要求。地势、地形要求：地势高燥，向阳避风，总体平坦而稍有坡度，地处江河下游等。

地势高、平坦而有坡度

● **水源和水质**　兔场应水源充足，取水方便，水质良好。一般可选用城市自来水、地下水或打井取水。

我对水的要求和人是基本一样的

蓄水设施

● **环境及其他** 家兔具有胆小怕惊的生活习性，应选择距主要交通干线和闹市区500米以上距离修建，距居民区、其他养殖场等1 000米以上距离，且处于下风处和河流下游。

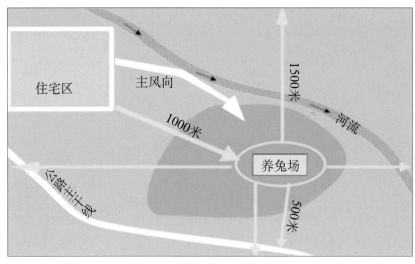

兔场选址示意图

第二节 总体布局

在场址选定后，应进行场内总体布局规划。兔场的布局一般分为五区：办公区、生产辅助区、生产区、病兔隔离区、粪污处理区等。

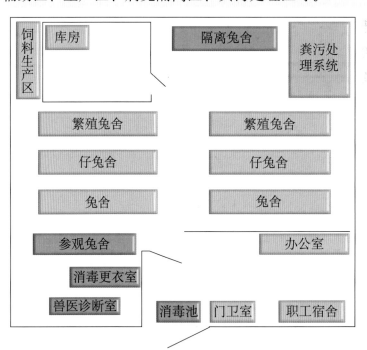

规模化种兔场总体布局示意图

一、办公区

办公区主要包括经营、管理、办公等场所，一般处于地势较高、上风处，并与生产区保持一定距离，严格分开。

办 公 区

二、生产辅助区

生产辅助区主要包括饲料生产间、饲料储存间、药品储存室、材料工具放置室等。位置靠近兔场生产区，原则是利于饲料原料的进出、成品饲料利于进入生产区，同时不影响兔场生产。

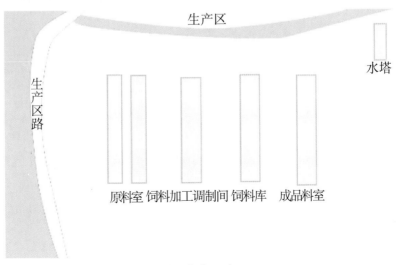

生产辅助区布局图

三、生产区

生产区是养兔场的核心区域，主要包括繁殖兔舍、商品兔舍等。繁殖兔舍处于整个兔场的核心位置，首选安静、干燥的地方，且处于生产辅助区与粪污处理区之间。

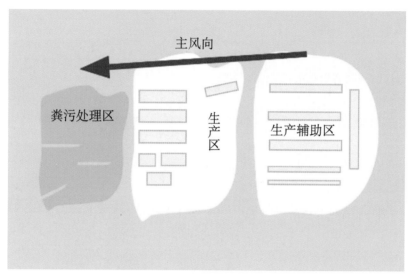

生 产 区

四、病兔隔离区

病兔隔离区主要包括病兔隔离舍等建筑物。隔离区应便于病兔隔离、治疗且处于下风处等。

这里也是有住院部的

病兔隔离区

五、粪污处理区

粪污处理区主要包括病死兔处理区、粪污堆放处理区等。

循环利用才是硬道理

第三节　兔舍建设

一、兔舍类型

兔舍的类型有封闭式、半开放式和开放式3种。

● **封闭式兔舍**　封闭式兔舍四周有墙，兔笼、粪尿沟设在舍内。种兔、商品兔均适合该类型兔舍。

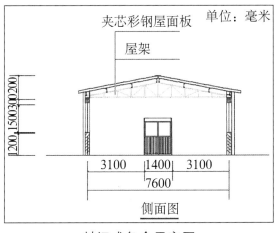

封闭式兔舍示意图

封闭式兔舍

● **半开放式兔舍** 半开放式兔舍以相对的两列多层式兔笼的背壁为墙舍，顶为双坡式或钟楼式，以木架支撑。

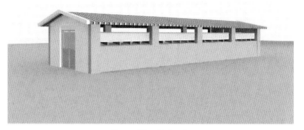

半开放式兔舍

● **开放式兔舍** 仅三面有墙与房顶相接，前面敞开。房顶为双坡式或单坡式。

双坡开放式

单坡开放式

二、兔舍修建要求

● **屋顶** 兔舍的屋顶应根据兔场当地气候条件，考虑隔热和保温的问题，屋顶可以考虑夹层隔热和保温，如用彩钢夹层、琉璃瓦等材料。

琉璃瓦屋顶兔舍

彩钢屋顶兔舍

● **兔舍地面** 兔舍地面要求平整、防潮，能够抗消毒剂的腐蚀等，一般采用水泥地面。

兔舍水泥地面

● **过道** 一般是用于通行或喂料的通道，以多列式兔舍为例，主要通道一般宽为1.2～1.5米，辅助通道一般宽为0.6～0.8米。

主 过 道

辅 过 道

● **排水沟** 是指兔场专门排放粪尿和冲洗圈舍用水的设施，排水沟可根据兔场规模大小设计宽度、深度和坡度，同时在主排水沟应有沉淀池。

兔舍排水沟

沉 淀 池

● **排粪沟**   是指舍内排放粪尿和冲洗圈舍用水的通道，可直接流入沉淀池或沼气池。位置应设计在兔笼背侧，沟宜沿兔舍纵向布置，两排兔笼的间距一般为0.7 ~ 0.9米，沟宽0.25 ~ 0.3米，坡度为1% ~ 1.5%。

兔舍排粪沟

● **笼舍**   笼舍是家兔生活的必要条件。家兔的全部生活过程包括采食、排泄、运动、休息和繁殖等活动都在笼舍内进行。生产管理上要求兔笼排列整齐，方便日常管理，同时兔笼设计和建造必须适合家兔的生理特点和生产要求。

兔笼一般为三层，一般最高一层笼舍顶部离地面高度在1.8米以内，底部离地面0.1 ~ 0.15米为宜。

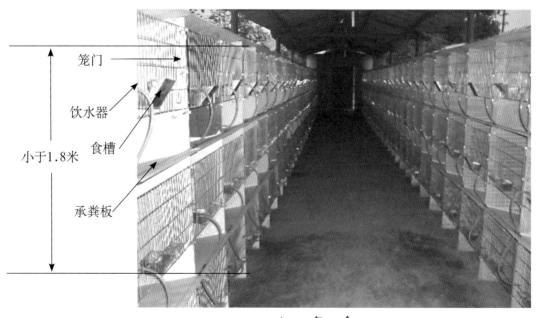

兔 舍

兔笼规格：兔笼的大小一般以兔能在笼内自由活动为准。一般兔笼的宽度为兔体长的2倍，深度为1.3倍，高度为1.2倍进行设计。种兔笼符合种兔生产繁殖的要求，实行一笼一兔。

饲养商品长毛兔、獭兔的单个笼位的规格较种兔笼小，其笼的长、宽、高建议为0.60米×0.55米×0.35米

大型品种和种兔的兔笼可适当加大，笼长0.65～0.70米，宽0.55米，高0.45米

兔笼规格

● **承粪板** 承粪板安装在笼底板之下，作承接兔粪尿之用。承粪板要求平整光滑，不透水，不积粪尿，安装时由兔笼前方向后方倾斜，前面突出6～8厘米，后面突出12～18厘米。承粪板与笼底板之间应有一定距离，前方相距12～14厘米，后方相距20～25厘米。兔笼第一层不设承粪板，笼底与地面相距10～15厘米。

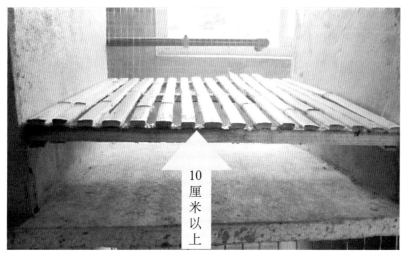

承粪板与笼底板间隔

● **笼底板** 笼底板要求平整、牢固，且为活动的整体，便于家兔活动，也便于兔粪漏下、清洁和消毒。种兔笼底板一般用楠竹板制作，其尺寸与兔笼的长、宽规格一致。

每块竹板宽2～2.5厘米，竹板间的间隔为1～1.2厘米

笼 底 板

三、配套设施

● **绿化区** 根据养殖情况对场区进行绿化，多栋兔舍间可以种植大叶的高大乔木，树下可以种植一些适宜饲草（苜蓿、黑麦草等）、蔬菜等。

绿 化 区

● **电力** 兔场应设在供电方便的地方，经济合理地解决全场照明、生产和生活用电。根据兔场情况配备适宜的电力和变压器，规模较大的兔场还应自备电源，以备停电应急之需。

兔场的供电就全靠我了

电力设备

● **兔场的道路** 包括净道和污道，饲料、人员走净道，粪污走污道，二者分开。一般兔场内道路设单车道，宽 3 ~ 3.5 米，坡度不大于 10%。

兔场道路

● **食槽** 食槽要求方便家兔采食，又便于清洁和消毒。食槽由竹、木、陶土和金属等多种材料制成，规模化兔场常用金属食槽。

食　槽

● **饮水设备**　主要包括水箱、主水管、加药器、导水管、饮水器和水嘴等附属配件。

水箱：主要用于存储饮水用，用金属或塑料制成。

水　箱

主水管：输送饮水用，主要采用胶管或PVC管。

主　水　管

加药器：在饮水中加药时使用。

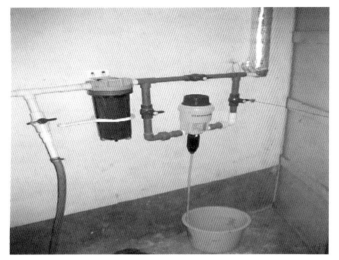

加 药 器

导水管：主要用于分水和导水，将水导入各笼舍。

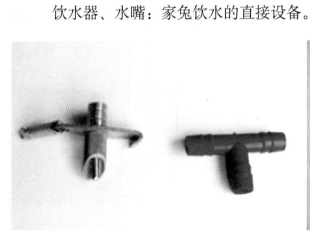

导 水 管

饮水器、水嘴：家兔饮水的直接设备。

水嘴、三通管

卡式饮水器

● **产仔箱** 产仔箱是母兔产仔和哺乳仔兔的器具，也是仔兔生活的地方。要求内壁平整，箱底面平而不滑，有孔眼，便于漏走尿液。木质产仔箱顶部边缘应用铁皮包扎，防止被兔啃咬。

金属产仔箱

木制产仔箱

● **草架** 草架可用铁丝或塑料制作。

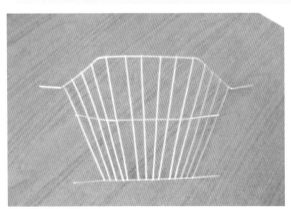

草 架

（本章图片均由任永军提供）

第二章　品种与繁殖

第一节　品种与选育

家兔品种按经济用途划分，主要有肉用品种、皮用品种、毛用品种和皮肉兼用品种，其次有试验用品种和观赏品种等。

一、肉兔品种

● **新西兰兔**　原产于美国的中型肉用品种，是肉兔养殖中的主要品种之一，是规模化、工厂化养殖的优良品种，也是主要的试验用兔品种之一。主要外貌特征为：全身被毛为白色，眼睛红色，头较粗短，耳较宽厚，体躯浑圆，背腰宽，全身丰满，后躯发达，臀圆。成年体重3.5～4.5千克，平均胎产仔6～8只，屠宰率可达55%。主要特点是早期生长速度快，但耐粗性较差。

> 我除了产肉外，还经常作为科学研究中的实验动物哦

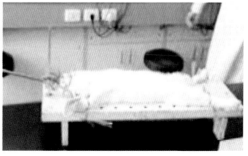

新西兰兔　　　　　　　　　　（赖松家　李丛艳）

15

● **加利福尼亚兔**　原产于美国的中型肉用品种，其主要外貌特征为：体躯匀称，身体浑圆，头部稍小，眼睛红色，被毛为白色，但两耳、鼻端、四爪及尾部为黑色，俗称八点黑。成年体重一般为3.5～4千克，平均胎产仔7～8只。主要特点是早期生长速度快，泌乳力强，母性好，仔兔成活率高，具有保姆兔的美誉。

加利福尼亚兔

（赖松家）

● **比利时兔**　由原产于比利时的野生穴兔培育而成。头长而宽，略呈马头形，眼为黑褐色，耳大而直立，耳缘有发亮的黑色毛边，体躯长而大，全身丰满，四肢粗壮而长，被毛褐麻色，尾巴边缘有黑色毛边，成年体重4.5～6千克，平均胎产仔7～8只。主要特点是生长速度快，适应性强，耐粗饲，泌乳力高。

比利时兔　　　（赖松家）

● **齐卡肉兔配套系**　齐卡肉兔配套系由德国巨型白兔（G）、齐卡大型新西兰白兔（N）和齐卡中型白兔（Z）三个专门化品系组成。德国巨型白兔全身白毛、红眼，主要特点是体形大。成年兔平均体重5.5～7千克，早期生长发育快，35日龄断奶体重可达1.2千克；缺点是饲料消耗大，饲养管理条件要求高，配怀率低，主要用作父本。

齐卡巨型白兔

（唐良美）

齐卡大型新西兰兔被毛白色、红眼、头粗短、体躯及背腰较宽，臀部丰满，体形大，成年体重4～4.5千克，平均胎产仔7～9只，齐卡大型新西兰兔在配套系中同时作为父系和母系的母本。

齐卡大型新西兰白兔

（唐良美）

齐卡中型白兔体形较小、清秀，成年体重3.5千克，其特点为适应性强，繁殖性能好，配套系中作为母系的父本。

齐卡中型白兔

（唐良美）

齐卡肉兔配套系，制种模式如下：

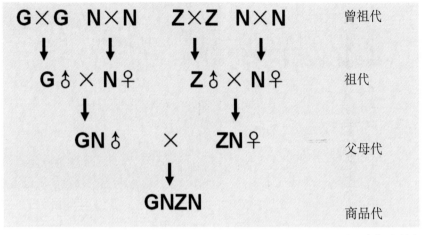

（李丛艳）

● **花巨兔** 原产于德国的大型皮肉兼用兔，又称花斑兔，该品种体躯被毛为白色，眼睛为黑色，耳、眼圈、鼻、嘴为黑色，从耳后到尾部有一条边缘不整齐的黑色背线，体侧左右有对称的不规则黑色花斑，具有"熊猫兔"的美誉；体格健壮，体躯高大而长，呈弓形，骨骼粗重，腹部离地较高，性情活泼。成年体重5～6千克，平均胎产仔8～10只，40天断奶体重1.2千克左右，90日龄体重2.5～2.7千克。优点是产仔数高、生长发育快、抗病力较强，缺点是泌乳力差、育仔能力弱、对饲养及管理条件要求高，纯繁时毛色不稳定。

花 巨 兔

（赖松家）

● **日本大耳白兔**　原产于日本的中型皮肉兼用品种，是理想的实验用兔。外貌特征为：被毛纯白，紧密而柔软，头小而清秀，两耳直立，形似柳叶，眼为粉红色，成年母兔颌下肉髯发达，体形较大，成年体重4.0千克左右。生长发育较快，繁殖性能好，适应性较强。但其骨架大，体躯不够丰满，屠宰率较低。

日本大耳白兔

（唐良美）

● **青紫蓝兔**　原产于法国的皮肉兼用品种，有标准型（小型兔）、中型兔（美国型）和巨型青紫蓝兔三种体形，成年体重分别为2.5～3千克、4～5千克、6～7千克。该品种头粗短，耳厚直立，耳尖与耳背为黑色，尾底、腹下及眼圈为灰白色，体躯较丰满，背部宽，臀部发达。被毛总体呈灰蓝色，并夹杂有全黑或全白粗毛，每根毛纤维由毛尖到毛根依次为黑色、白色、灰色、深灰色，风吹被毛时呈彩色旋涡，十分美观。仔兔初生重50～60克，90日龄体重2～2.5千克，平均胎产仔7～8只。其特点是毛皮品质好，适应性和繁殖力较强，肉质好，但生长速度较慢。

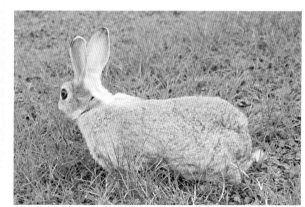

青紫蓝兔

（唐良美）

二、皮兔品种

● **力克斯兔**　又称獭兔、天鹅绒兔，原产于法国的中型短毛皮用品种。毛色有白色、黑色、海狸色、八点黑、红色、青紫蓝色、巧克力色、蓝色、银灰色、山猫色、紫丁香色、宝石花色等，被毛短密、平整，体形匀称而清秀，腹部紧凑，后躯丰满，头小而尖，眼大，不同的品系眼睛色泽不同，有粉红色、棕色、深褐色等；耳长中等、竖立、呈Ｖ形，有些成年兔有肉髯，四肢强健，活泼敏捷。成年体重3.5～4千克，年可繁殖5～7胎，窝产仔数6～10只。

獭 兔 （赖松家 李丛艳）

三、毛兔品种

安哥拉兔是世界唯一的毛用品种，最早发现于英国，全身被毛白色，毛绒密而长，俗称长毛兔。18世纪中叶以后，输送到世界上许多国家，各国根据自己的自然和社会经济条件，采用不同的饲养方式，培育出了品质特性各异的若干品种类群，比较著名的有德系、法系、英系、中系安哥拉兔等。

● **德系安哥拉兔** 又称西德长毛兔，是目前饲养最普遍，产毛量最高的一个品系。其外貌特征为：全身被毛白色，眼睛红色，头较方圆或尖削、略呈长方形；按其头部毛发着生状况可分为一撮毛、全耳毛和半耳毛3种类型；体躯尤其是背腹部的被毛厚密，有小束的毛丛结构，呈波状弯曲，毛质好，枪毛与绒毛的比例适宜，枪毛占7%，被毛不易缠绕。四肢及趾间绒毛密生，背线平直，四肢健壮。年产毛量高，达0.9 ~ 1.2千克，最高可达1.6 ~ 2.0千克。成年体重3.5 ~ 5千克，高者可达5 ~ 7千克；年产3 ~ 4胎，每胎产仔数6 ~ 7只，最高可达13只。德系安哥拉兔具有产毛量高、毛细致柔软、不易缠绕的优点，但抗病力差，配种困难，母性差，不耐热，对饲养管理条件要求较高。

德系安哥拉兔

（唐良美）

法系安哥拉兔

（唐良美）

● **法系安哥拉兔** 为典型的粗毛型长毛兔，体形中等，成年体重平均3 ~ 4千克，骨较粗，头部稍尖，面长鼻高，耳大而薄，耳尖、耳背无长毛，俗称光板耳，额毛、颊毛和脚毛均为短毛，腹毛也较短，被毛密度差，枪毛含量高，不易缠结，毛质较粗硬，粗毛率15%以上，高者20%以上，但产毛量较低，年剪毛量500 ~ 800克，优秀者可达1 200克以上。繁殖力较强，年产仔3 ~ 4胎，每胎产仔6 ~ 8只，母兔泌乳力较高，对环境的适应性强，较耐粗饲。

四、品种选育方法

● **系谱选择** 通过查阅和分析各代祖先的生产性能，了解该种兔的血缘情况，着重注意父母代和祖父代的信息，多用于早期选择，选择种兔时系谱只能作为选择的参考，应与其他选择方法结合使用。

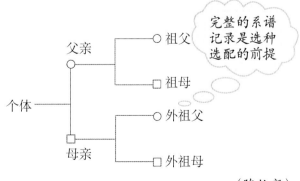

完整的系谱记录是选种选配的前提

（陈仕毅）

● **个体选择**　根据个体本身某性状表型值的一次记录、多次记录或部分记录的高低选留种兔。遗传力高的性状可采用个体选择。

相互对决的时候到了

（赖松家）

● **家系选择**　根据整个家系个体某性状生产性能的平均表型值排序进行选择，将整个家系作为选择单位，通常是在入选的家系内选留合格个体作为种用，遗传力低的性状、共同环境造成家系间差异小时采用家系选择。

兄弟姐妹们，加油啊，这可是团体赛

（李丛艳）

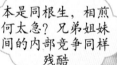

本是同根生，相煎何太急？兄弟姐妹间的内部竞争同样残酷

● **家系内选择**　根据各家系内部的表型值大小进行选择，按照个体表型值距其家系平均数离差的大小进行选种。遗传力低、性状表型相关大、共同环境造成的家系差异大时宜采用家系内选择。

（李丛艳）

● **合并选择**　即同时利用个体表型值和家系均值进行选种，具体方法是按性状的家系和家系内遗传力对家系和家系内离差进行加权合并，获得一个指数即合并选择指数，按指数大小进行选择。

双重竞争压力大，综合能力强则胜

（李丛艳）

● **同胞选择**　同胞选择是根据某个体同胞的平均表型值进行选择。同胞选择通常用于限性性状，如公兔的产仔数等。

兄弟姐妹间的命运应该都差不多吧

（赖松家）

● **综合选择指数法**　要选择2个以上数量性状时，根据各性状的遗传特性和经济价值，分别给予一个加权值，综合成一个选择指数，根据指数值的大小进行选种。

必须是全才才能入选哦

（李丛艳）

五、引种注意事项

● **慎重选择个体**　引种时个体选择是非常重要的环节，体形外貌符合品种特征，生长发育正常，体质健壮，健康无病（如嘴干燥，粪便疏松、颗粒大，不腹泻，无真菌病、疥螨病等），无明显的外形缺陷（如门齿过长、垂耳、划水腿、乳头数过少等）。

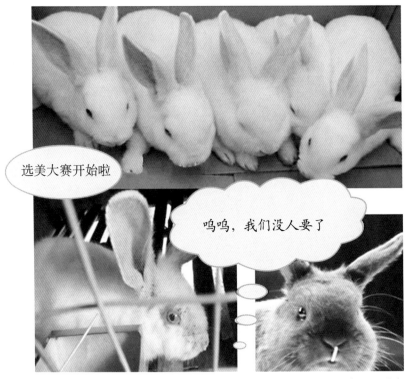

（赖松家）

● **注意审查系谱**　引入个体血缘应清楚，加强系谱的审查，避免近亲个体。

种兔系谱表

品种		耳号		性别	
出生日期	年　月　日			出场日期	

父 → 祖父：
父 → 祖母：
母 → 外祖父：
母 → 外祖母：
出场单位：

	A	B	C	D	E	F
1	品种（系）	编号	性别	出生日期	父号	母号
2	齐卡大型白兔	K86002	母	2008/5/28	K71243	K16051
3	齐卡大型白兔	K99023	母	2009/9/15	K72222	K72204
4	齐卡大型白兔	K92128	母	2009/2/25	K7124	K72232
5	齐卡大型白兔	K04012	母	2010/3/27	K96052	K93203
6	齐卡大型白兔	K99050	母	2009/9/15	K86040	K80056
7	齐卡大型白兔	K02031	母	2010/3/4	K410522	K15504
8	齐卡大型白兔	K09224	母	2009/10/6	K86040	K86030
9	齐卡大型白兔	K09308	母	2009/10/9	K93059	K92136
10	齐卡大型白兔	K03280	母	2010/3/1	K16505	K92051
11	齐卡大型白兔	K03447	母	2010/3/20	K71243	K86093
12	齐卡大型白兔	K09291	母	2009/10/8	K93059	K92056
13	齐卡大型白兔	K03249	母	2010/3/1	K19576	K93093
14	齐卡大型白兔	K01589	母	2010/1/15	K83104	K80106
15	齐卡大型白兔	K29291	母	2009/12/16	K8604	K92051
16	齐卡大型白兔	K84124	母	2008/4/24	K73333	K14080
17	齐卡大型白兔	K09264	母	2009/10/9	K86031	K92085
18	新西兰兔	Z18539	母	2009/10/9	8412645	8413538

（李丛艳）

● **引种年龄**　引种兔的年龄最好选择3～5月龄的青年兔，或者体重1.5千克以上的青年兔。

（李丛艳）

● **严格检疫**　种兔必须经过防疫检查，确认健康无病时方可引种和外运，若检疫制度不严，常会带进原来没有的传染病，给生产带来巨大损失。起运前要有当地畜牧主管部门的检疫证明、车辆消毒证明等。

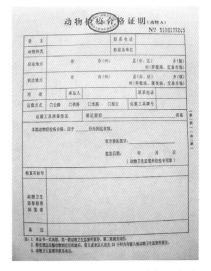

（李丛艳）

（李丛艳）

● **选择好引种季节**　引种最好的季节是春、秋两季。若在夏季引种，应在夜间起运，白天在阴凉处休息。冬季引种，应注意保暖，以防感冒。

● **种兔的运输**　行车4～6小时，停车休息一会儿，严禁日夜兼程、不歇、不饮、不喂。运输时间1天时可不喂料和饮水；运输2天以上可饲喂少量干草、胡萝卜，给少量精料，并注意饮水。

（李丛艳）

隔离观察，给予优质青草，补充食盐

● **引进后的饲养管理**　刚引进的种兔，应隔离观察1个月以上，健康无病才能放入预备的笼舍。饲养管理上首先供给饮水，可在饮水中加入少量的葡萄糖或食盐，然后给予少量的优质青草，精料供给逐渐增加。

（赖松家）

第二节　繁殖机理

一、家兔生殖器

● **公兔生殖器**　公兔生殖器由包皮、阴茎、阴囊、睾丸、附睾、输精管和副性腺构成，副性腺包括尿道球腺、精囊、精囊腺、前列腺和前列旁腺。在家兔生长发育过程中阴囊和睾丸的表现与其他家畜有差异，家兔2.5～3月龄才形成阴囊，公兔出生后睾丸位于腹腔内，1～2月龄转移到腹股沟管内，3月龄左右才进入阴囊。

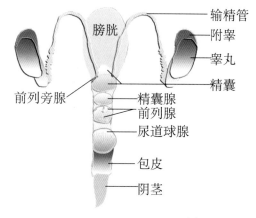

膀胱　输精管　附睾　睾丸　精囊
前列旁腺　精囊腺　前列腺　尿道球腺　包皮　阴茎

（李丛艳）

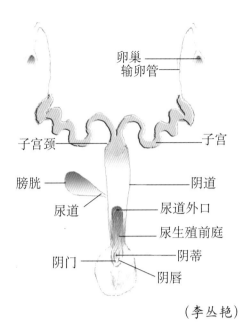

卵巢

输卵管

子宫颈

子宫

膀胱

尿道

阴道

尿道外口

尿生殖前庭

阴门

阴蒂

阴唇

（李丛艳）

● **母兔生殖器** 母兔生殖器包括卵巢、输卵管、子宫、阴道以及外生殖器，外生殖器由阴门、阴唇和阴蒂三部分构成。

二、性成熟与初配月龄

● **性成熟** 性成熟表示性的生理机能成熟，当初生仔兔生长发育到一定年龄，在公兔睾丸和母兔卵巢中能分别产生有受精能力的精子和卵子时即达到性成熟。公兔的性成熟期小型品种为4月龄，中型品种为5月龄，大型品种为6～7月龄。

不要跑

（李丛艳）

● **初配月龄** 初配月龄主要根据其年龄和体重的大小来确定，一般在公、母兔体重达到其成年体重的70%～80%时可进行初配。具体标准是：小型品种4.5～5月龄，体重2千克以上；中型品种5～6月龄，体重2.5～3千克；大型品种6～7月龄，体重3.5～4千克。

（李丛艳）

三、发情与鉴定

● **发情**　母兔性成熟以后，由于卵泡在发育过程中所产生的雌激素，作用于大脑性活动中枢，引起母兔性兴奋和产生性欲等一系列发情征状和表现，称为发情。

● **发情周期**　母兔从上一次发情开始到下一次发情开始的间隔时间称为发情周期，一般为8 ～ 15天。

发情周期
（8～15天）

发情持续期
（3～4天）

（赖松家）

● **发情持续期**　母兔当次发情，从发情开始至发情结束的时间，称为发情持续期，一般为3 ～ 4天。

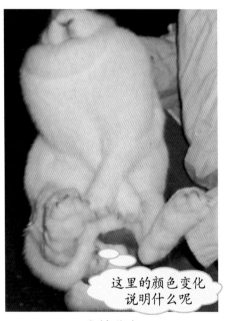

这里的颜色变化说明什么呢

发情鉴定

（赖松家）

● **鉴定方法**　母兔是否发情，主要观察其行为变化，检查阴唇黏膜颜色变化。母兔发情时，精神不安、活跃，在笼内往返跑动，顿足刨地，食欲减退，俗称"闹圈"，阴户黏膜颜色逐渐变深，由苍白色→粉红→大红色→紫红色，适宜的配种时间是阴户黏膜颜色为大红色时。

未发情，苍白色

发情初期，粉红色，开始肿胀

发情旺期，大红色，肿胀明显，湿润，配种最佳时期

发情后期，紫红色，肿胀开始消退

发情周期中母兔外阴的变化　　　　　　　　（李丛艳）

四、利用年限

为了保证繁殖力，一般情况下公、母兔的利用年限为2.5～3年。

第三节　配种方法

一、自由交配

自由交配指公、母兔混合饲养，任其自由交配。该方法简单、省事，但易造成近亲交配、传染疾病、公兔精液品质下降等。

（赖松家）

二、人工辅助交配

人工辅助交配又称控制交配，指公母兔平时分开饲养，当母兔发情需要配种时，将母兔放入公兔笼内配种，配种结束后再将母兔放回原笼的方法。适宜的公、母兔比例分别为：种兔生产场为1∶4～5，商品兔生产场为1∶8～10。

发情鉴定

将发情母兔放入适配公兔笼内

公兔追逐、爬跨母兔

公兔射精，后肢蜷缩，双眼紧闭，倒向一侧，并发出咕咕的叫声，交配成功

母兔抬尾，接受公兔交配

人工辅助交配配种过程

（李丛艳）

三、人工授精

人工授精指人工采集公兔精液，经精液品质检查和稀释处理后，使用输精器械人为地将精液输入到自然发情或经诱导排卵处理后的母兔阴道内，使母兔受孕的方法。

采　精

精液品质检测

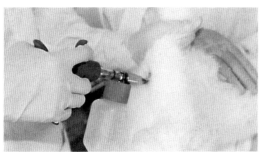

输　精

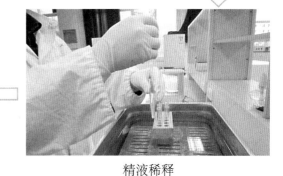

精液稀释

人工授精操作过程　　　　　　　　　　（李丛艳）

● **采精**　将训练过的种公兔，用假阴道采精。

假　阴　道

（李丛艳）

● **精液的品质检查**　精液的常规品质检查主要检查其射精量、颜色、气味、云雾状、pH，估测密度和活力。

兔精子的0.5%龙胆紫酒精溶液染色

正常的精子

带原生质小滴的精子（未成熟精子）

（张　明　陈仕毅）

● **精液的稀释** 公兔精液稀释液一般由营养素、抗生素以及稀释剂等组成，常用的稀释液有7.6%的葡萄糖卵黄稀释液、11%蔗糖卵黄稀释液、5%～10%的奶粉稀释液等，一般稀释3～5倍。

● **精液的保存** 公兔精液的保存一般有常温（17℃）、低温（4℃）和冷冻（−196℃）保存3种方法，生产上常采用常温保存。

● **输精** 输精前（或后）要对母兔进行诱导排卵处理，主要方法有用结扎输精管的公兔与母兔交配、注射50～60单位的促黄体素（每千克体重0.5～1毫克）或促排卵素3号（0.5微克/只）等。输精时输精枪头先斜向上，靠近直肠一侧插入，然后再平直前进，注意输精时动作一定要轻，不能使劲强行插入，防止损伤母兔的阴道壁和子宫，输精量为0.5～1毫升，有效精子数量在2 000万个以上。

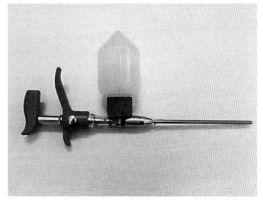

输 精 枪 （李丛艳）

第四节 妊娠与分娩

一、妊娠期

母兔的妊娠期平均为30天，变动范围为29～34天，不到29天为早产，超过34天为异常妊娠。

二、妊娠诊断

母兔配种后进行妊娠检查，以判别是否怀孕，常用的方法有以下几种：

● **摸胎法** 在母兔交配后10～14天（技术熟练者8天即可检出），摸胎者左手抓住耳朵和颈部皮肤，将母兔固定在台面上，兔头朝向摸胎者胸部，右手作八字形，自腹前部向后腹部两旁轻轻滑动触摸。若腹部柔软如棉，则没有受胎；如摸到像花生米样大小能滑动的肉球，则是妊娠。注意区分胚胎与粪球：粪球呈圆形，指压时没有弹性，不光滑，分布面积较大，不规则；而胚胎的位置比较固定，呈椭圆形，而且多数均匀地排列在腹部后侧两旁，指压时光滑而有弹性。该法操作简单、准确性高，是生产中最常用的方法。

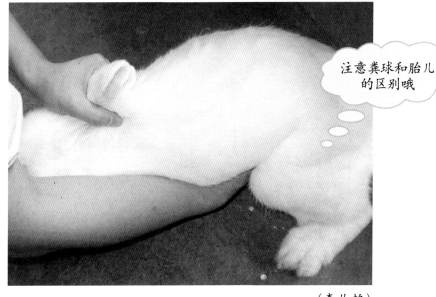

注意粪球和胎儿的区别哦

（李丛艳）

● **称重法** 母兔配种时即称重，记下重量，配种12天后再称重一次，对比两次结果，相差150克以上，表明可能怀孕。该方法仅适用于成年母兔，初配母兔用该方法准确性差。

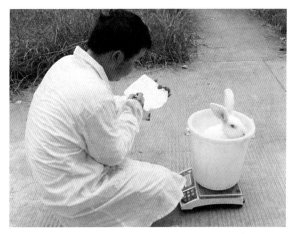

（李丛艳）

● **复配法** 母兔配种5～7天后，将母兔放入公兔笼中，若母兔拒绝交配，表示可能怀孕。该方法准确性差，且容易造成妊娠母兔流产。

三、分娩

母兔怀孕30天左右后分娩，作好接产工作。

● **分娩预兆** 胎儿在母体内发育成熟之后，由母体经产道排出体外的生理过程，叫分娩。分娩典型征兆如下：母兔在临产前3～4天，乳房肿胀，外阴部肿胀，黏膜潮红湿润；产前1～2天或数小时，开始衔草营巢，并将胸、腹部毛用嘴拉下来，衔入巢内铺好。

拉毛营巢　　　　　　　　（李丛艳）

● **接产**　母兔怀孕28天后，将消过毒、铺有干净柔软垫草的产仔箱放入母兔笼中；产前没有拉毛的母兔可人工辅助拉胸、腹部毛；保证足够的清洁饮水，保持环境安静。母兔分娩一般只需20～30分钟。产仔结束后，清点仔兔数量，剔除死胎、弱胎，检查仔兔是否吃过初乳。

产完仔后的母兔

（李丛艳）

第一节　兔常用饲料原料

一、能量饲料

能量饲料是指干物质中粗纤维低于18%、粗蛋白质低于20%的饲料。主要分为三类，禾谷粒实类、粮食加工副产物类和块根块茎瓜果类。特点：淀粉含量高，蛋白质含量较低；体积小，水分低，单位营养浓度较高；粗纤维少，适口性好。

● **禾谷籽实类**　主要包括玉米、小麦、稻谷、大麦和高粱等。

玉　米

适口性好，能量高，易消化，适宜添加量在20%～40%

烘干玉米

　　多产自东北，外皮易脱落，能值相对偏低，霉变较少，饲用品质好

小　麦

　　适口性较好，能量较高，B族维生素丰富，适宜添加量为10%～30%

稻　谷

　　较好的能量饲料，但价格相对较高，适宜添加量为5%～15%

大　麦

　　能量偏低，适口性较好，适宜添加量不超过20%

高 粱

营养价值相当于玉米的90%，含有单宁，适口性较差，适宜添加量不超过10%

燕 麦

家兔的优质饲料，适口性好，体积大，能值偏低，适宜添加量可达30%以上

碎 米

精米加工副产物，价格较便宜，较好的能量饲料，适宜添加量可达10%～30%

● **粮食加工副产物类**　主要包括为糠麸、糟渣和粮油加工副产品等。

麦 麸

适口性好，质地蓬松，体积大，容重小，具有轻泻性，适宜添加量为10%～25%

米　糠

又称洗米糠，不饱和脂肪酸含量高，能值高，但易酸败，适宜添加量为5%～15%

次　粉

加工精面的副产物，营养价值高，黏结性好，适宜添加量为5%～15%

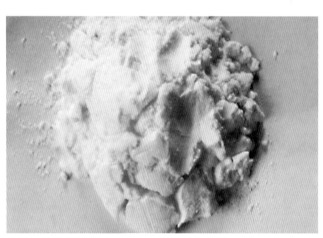

葡萄糖

玉米加工的副产物，有甜味，适口性好，能量高，用于仔兔料，适宜添加量为2%～4%

● **块根块茎瓜果类**　主要包括胡萝卜、甘薯、马铃薯和南瓜等。特点：营养丰富，适口性好，消化率高。

胡萝卜

产量高，适口性好，水分含量高，可以作为兔饲料的补充

甘 薯

又称红苕，产量高，适口性较好，水分含量高，可以作为兔饲料的补充

马铃薯

又称土豆、洋芋和山药蛋，产量高，水分含量高，可以作为兔饲料的补充

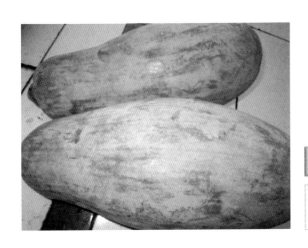

南 瓜

产量高，水分含量高，农村养兔可以作为兔饲料的有益补充

● **其他类能量饲料** 主要包括能量较高的动物油脂（猪油、鸡油、鸭油等）、植物油脂（玉米油、大豆油、菜籽油等）和乳清粉等优质原料。此类能量原料能值高，消化率高，价格高，近年来开始在高档兔料中使用。

乳清粉

乳糖含量高达68%以上，消化率高，主要用于仔兔开口料，适宜添加量5%以下

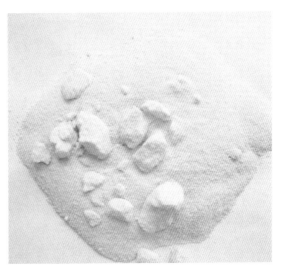

大豆磷脂

脂肪含量高，能量高，润滑作用好，有助于饲料制粒，适宜添加量2%以下

油脂类饲料

能值高，适口性好，易消化，热增耗低，有缓解热应激的作用，是配制高能量高纤维饲粮的必选原料；植物油质量优于动物油脂，但是价格昂贵，限制了其在兔饲料中的应用，适宜添加量为3%以下

二、蛋白质饲料

蛋白质饲料是指干物质粗纤维低于18%：粗蛋白质高于20%的一类饲料。主要包括植物性蛋白质饲料和动物性蛋白质饲料。特点：蛋白质含量高，有些含有抗营养因子；体积小，水分低，单位营养浓度高；粗纤维含量低，适口性好。

● **植物性蛋白质饲料** 主要包括大豆饼粕、菜籽饼粕、棉粕和花生粕等。

大 豆

　　优质蛋白质饲料，生大豆有抗营养因子，不易消化吸收，需要热加工处理才可使用

炒熟大豆

　　消除了抗营养因子，味道香，硬度大，易保存

豆 粕

　　赖氨酸含量高，味道佳，适宜添加量为10%～20%

膨化大豆

　　高蛋白，高脂肪，高能量，适口性好，蛋白质品质好，适宜添加量为 5%～15%

菜籽饼

传统压榨工艺生产，粗蛋白质36%左右，含有芥子苷，适口性差，适宜添加量为1%～2%

菜籽粕

又称油枯，有95型和200型压榨产品，200型质量较高，适宜添加量为2%～4%

菜籽粕

浸提工艺产品，质量优于压榨产品，适宜添加量为3%～6%，双低菜粕添加量可超6%

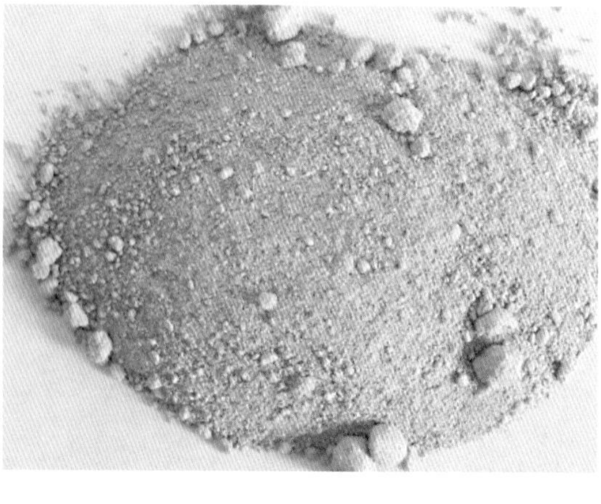

米糠粕

含较高的蛋白质和矿物质，同时含B族维生素，适宜添加量为5%～10%

发酵豆粕

有独特的发酵芳香味，诱食效果好，富含有益菌，可防腹泻，用于仔兔开口料

小麦胚芽粕

蛋白质含量较高，B族维生素含量丰富，适口性好，适宜添加量为4%～8%

玉米胚芽粕

蛋白质含量较高，价格相对便宜，霉菌毒素残留多，适宜添加量为5%左右

● **动物性蛋白质饲料** 主要包括蚕蛹、鱼粉、血液制品等畜禽加工副产物。

蚕 蛹

蛋白质含量高，品质好，脂肪含量高，价格高，容易酸败，添加量不宜过高，适宜添加量为2%～4%

| 鱼　粉 | 蛋白质含量高，氨基酸含量高而且平衡，含有未知促生长因子，价格高，适宜添加量为2%～6% |

血浆蛋白粉

蛋白质含量高达78%以上，富含免疫球蛋白，消化吸收好，价格高，用于仔兔开口料

水解羽毛粉

蛋白质含量高，品质较差，氨基酸不平衡，适宜添加量为4%以下

三、粗饲料

粗饲料是指干物质中粗纤维大于18%、单位重量容积大、营养价值较低的干草、作物秸秆、秕壳等饲料。主要有苜蓿干草、花生秧、花生壳、麦秸、甘薯秧、豆秸、稻草和统糠等。特点：粗纤维含量高（20%～50%），消化率较低，蛋白质含量差异比较大，体积大，单位营养浓度较低。

干草捆

便于运输，质量也好控制，不易掺假，使用时需要进行粉碎

苜蓿草粉

最优质的粗饲料之一，蛋白质含量高，纤维品质好，质量便于检查，适宜添加量为30%～50%

苜蓿草块、草颗粒

便于运输，质量较难控制，使用前需要认真检测营养指标

大豆秸秆

　　蛋白质含量低，纤维含量高，注意晒制干燥，防止霉菌污染，适宜添加量为10%～15%

麦　秸

　　北方重要的粗饲料资源之一，营养品质不高，适口性差，适宜添加量5%以下

稻　草

　　南方重要的粗饲料资源之一，木质素含量高，营养品质不高，适口性较差，适宜添加量6%以下

统　糠

　　通常由稻壳和米糠组成，"三七"糠居多，南方重要的粗饲料资源之一，适宜添加量为5%～15%

花生壳

家兔主要的粗饲料来源之一，粗纤维含量60%以上，注意防霉变质，适宜添加量为15%～25%

大豆皮

蛋白质含量12%以上，粗纤维含量34%左右，营养价值略低于苜蓿干草，适宜添加量为10%～15%

青蒿粉

适口性较差，含有多种抗菌成分，可防球虫病，价格低廉，适宜添加量为10%左右

花生秧

晾干后可制成干草，是家兔的主要优良粗饲料之一，适宜添加量为20%～40%

甘薯藤

　　既可青饲，也可制成干草，家兔的主要优良粗饲料之一，适宜添加量为20%~35%

四、青绿多汁饲料

　　青绿多汁饲料是指天然水分含量大于或等于45%的栽培牧草、草地牧草、野菜、鲜嫩的藤蔓、秸秆类和部分未完全成熟的谷物植株等。营养特点：水分、干物质中无氮浸出物和蛋白质含量高，粗纤维和木质素含量低，矿物质元素和维生素含量丰富，还有大量的未知促生长因子，适口性好，易于消化吸收。

紫花苜蓿

　　又称牧草之王，产量高，蛋白质含量高，营养丰富，初花期刈割最好，一年可刈割多次

黑麦草

　　南方地区种植最多的牧草，营养价值高，产量高，一年内有6个月可以利用

菊 苣

　　耐高温，喜水肥，适口性好，产量高，营养丰富，水分含量高，饲喂前要晾晒

皇竹草

　　适应性广，产量高，营养丰富，饲喂家兔刈割宜早不宜迟

高丹草

　　植株高大，茎叶多汁，叶量丰富，品质好，饲喂家兔还是叶片好

牛鞭草

　　喜炎热，耐严寒，茎叶细嫩，味香甜，营养丰富，饲喂价值高

白三叶

分布广，叶多茎少，草质柔软，适口性好，营养丰富，初花刈割时正好

红三叶

叶片多茎秆少，蛋白质含量高，营养好，草鲜嫩，味道香，初花刈割正当时

鸭　茅

叶量丰富，草质柔软，富含营养物质，产量高，南方种植多

红豆草

喜温凉、喜干燥，叶片多，蛋白质含量高，孕蕾至初花收割价值高、营养好

狼尾草

产量高，适口性好，营养丰富，南方种植面积广（季阳提供照片）

苏丹草

抗旱不抗寒，前期营养价值高，饲喂兔子刈割宜早不宜迟

牛皮菜

叶片丰富，肥厚多汁，味鲜美，含水多，适当晾晒喂兔好

桑　叶

叶片大，叶量丰富，产量高，营养丰富，质量好，还可预防疾病

五、矿物质饲料

　　矿物质饲料是指可供饲用的天然矿物质如石灰石粉、大理石粉、贝壳粉，化工合成无机盐类如磷酸氢钙和食盐等。

石　粉

钙含量38%以上，最低廉的钙源

磷酸氢钙

既可以补钙，也可以补磷

六、添加剂

　　添加剂是指添加到配合饲料中，可以提高饲料质量、改善饲料性能、提高动物生产成绩，对人和动物无害、用量很少的物质。饲料添加剂分为营养性添加剂和非营养性添加剂。

● **营养性添加剂**

➤ **氨基酸添加剂**　主要包括赖氨酸、蛋氨酸和苏氨酸等。

赖氨酸

肉兔第一限制性氨基酸，适宜添加量为0.1%~0.3%

蛋氨酸

毛兔、獭兔第一限制性氨基酸，适宜添加量为0.1%~0.3%

苏氨酸

配制兔低蛋白质平衡日粮所需，适宜添加量为0.1%~0.2%

色氨酸

配制兔低蛋白质平衡日粮所需，适宜添加量为0.1%~0.2%

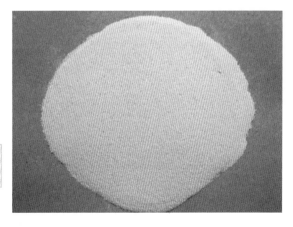

➢ **微量元素添加剂**　用来补充动物所需、常规饲料不足的微量营养元素的少量添加剂。主要包括家兔所需的镁、铁、铜、锰、锌、硒、碘和钴等微量元素。

➢ **维生素添加剂**　主要包括家兔所需的维生素A、维生素D、维生素E、维生素K、维生素B$_1$、维生素B$_2$、维生素B$_6$、维生素B$_{12}$、烟酸和胆碱等。

氯化胆碱

吸潮性强，不能和其他维生素直接混合

复合多维

根据兔营养需要配制的维生素混合物

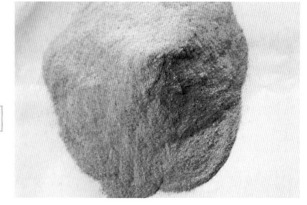

● **非营养性添加剂**

主要包括抗球虫药物、促进生长药物、酶制剂、酸化剂、防霉剂、脱霉剂、抗氧化剂、益生素和调味剂等。

第二节　营养需要

　　家兔的营养需要是指家兔在最适宜环境条件下，正常、健康生长或达到理想生产成绩对各种营养物质种类和数量的最低要求。营养需要量是一个群体平均值，不包括一切可能增加需要量而设定的保险系数。一般用每日每只家兔需要营养物质的绝对量或每千克日粮中营养物质的相对量来表示。

一、肉兔的营养需要

　　目前，我国还没有自己的肉兔饲养标准，在生产中我国一般参照美国NRC（1977）、法国和我国南京农业大学等单位推荐的饲养标准。2011年3月2日山东省质量技术监督局发布了由山东农业大学李福昌教授起草的山东肉兔饲养标准（DB37/T 1835—2011），该标准是目前最新的肉兔饲养标准。

我国建议的家兔营养供给量

营养指标	生长兔		妊娠兔	哺乳兔	成年产毛兔	生长肥育兔
	3～12周龄	12周龄后				
消化能(兆焦/千克)	12.12	11.29～10.45	10.45	10.87～11.29	10.03～10.87	12.12
粗蛋白质(%)	18	16	15	18	14～16	18～16
粗纤维(%)	8～10	10～14	10～14	10～12	10～14	8～10

（续）

营养指标	生长兔		妊娠兔	哺乳兔	成年产毛兔	生长肥育兔
	3～12周龄	12周龄后				
粗脂肪（%）	2～3	2～3	2～3	2～3	2～3	3～5
钙（%）	0.9～1.1	0.5～0.7	0.5～0.7	0.8～1.1	0.5～0.7	1
磷（%）	0.5～0.7	0.3～0.5	0.3～0.5	0.5～0.8	0.3～0.5	0.5
赖氨酸（%）	0.9～1.0	0.7～0.9	0.7～0.9	0.8～1.0	0.5～0.7	1.0
蛋氨酸＋胱氨酸（%）	0.7	0.6～0.7	0.6～0.7	0.6～0.7	0.6～0.7	0.4～0.6
精氨酸（%）	0.8～0.9	0.6～0.8	0.6～0.8	0.6～0.8	0.6	0.6
食盐（%）	0.5	0.5	0.5	0.5～0.7	0.5	0.5
铜（毫克/千克）	15	15	10	10	10	20
铁（毫克/千克）	100	50	50	100	50	100
锰（毫克/千克）	15	10	10	10	10	15
锌（毫克/千克）	70	40	40	40	40	40
镁（毫克/千克）	300～400	300～400	300～400	300～400	300～400	300～400
碘（毫克/千克）	0.2	0.2	0.2	0.2	0.2	0.2
维生素A（国际单位/千克）	6 000～10 000	6 000～10 000	6 000～10 000	6 000～10 000	6 000	8 000
维生素D（国际单位/千克）	1 000	1 000	1 000	1 000	1 000	1 000

引自：谷子林　薛家宾，现代养兔实用百科全书，2007。

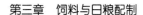

山东省肉兔饲养标准（DB37/T 1835—2011）

营养指标	生长肉兔		妊娠母兔	哺乳母兔	空怀母兔	种公兔
	断奶至2月龄	2月龄至出栏				
消化能(兆焦/千克)	10.5	10.5	10.5	10.8	10.2	10.5
粗蛋白质（%）	16.0	16.0	16.5	17.5	16.0	16.0
总赖氨酸（%）	0.85	0.75	0.8	0.85	0.7	0.7
总含硫氨基酸（%）	0.60	0.55	0.60	0.65	0.55	0.55
精氨酸（%）	0.80	0.80	0.80	0.90	0.80	0.80
粗纤维（%）	≥16.0	≥16.0	≥15.0	≥15.0	≥15.0	≥15.0
中性洗涤纤维（%）	30～33	27～30	27～30	27～30	30～33	30～33
酸性洗涤纤维（%）	19～22	16～19	16～19	16～19	19～22	19～22
酸性洗涤木质素（%）	5.5	5.5	5.0	5.0	5.5	5.5
淀粉（%）	≤14	≤20	≤20	≤20	≤16	≤16
粗脂肪（%）	3.0	3.5	3.0	3.0	3.0	3.0
钙（%）	0.60	0.60	1.0	1.1	0.60	0.60
磷（%）	0.40	0.40	0.50	0.50	0.40	0.40
钠（%）	0.22	0.22	0.22	0.22	0.22	0.22
氯（%）	0.25	0.25	0.25	0.25	0.25	0.25
钾（%）	0.80	0.80	0.80	0.80	0.80	0.80
镁（%）	0.3	0.3	0.4	0.4	0.4	0.4
铜(毫克/千克)	10.0	10.0	20.0	20.0	20.0	20.0
锌(毫克/千克)	50.0	50.0	60.0	60.0	60.0	60.0
铁(毫克/千克)	50.0	50.0	100.0	100.0	70.0	70.0
锰(毫克/千克)	8.0	8.0	10.0	10.0	10.0	10.0
硒(毫克/千克)	0.05	0.05	0.1	0.1	0.05	0.05
碘(毫克/千克)	1.0	1.0	1.1	1.1	1.0	1.0
钴(毫克/千克)	0.25	0.25	0.25	0.25	0.25	0.25
维生素A(国际单位/千克)	12 000	12 000	12 000	12 000	10 000	12 000

（续）

营养指标	生长肉兔		妊娠母兔	哺乳母兔	空怀母兔	种公兔
	断奶至2月龄	2月龄至出栏				
维生素E（毫克/千克）	50.0	50.0	100.0	100.0	100.0	100.0
维生素D（国际单位/千克）	900	900	900	1 000	1 000	1 000
维生素K_3（毫克/千克）	1.0	1.0	2.0	2.0	2.0	2.0
维生素B_1（毫克/千克）	1.0	1.0	1.2	1.2	1.0	1.0
维生素B_2（毫克/千克）	3.0	3.0	5.0	5.0	3.0	3.0
维生素B_6（毫克/千克）	1.0	1.0	1.5	1.5	1.0	1.0
维生素B_{12}（微克/千克）	10.0	10.0	12.0	12.0	10.0	0.5
叶酸（毫克/千克）	0.2	0.2	1.5	1.5	0.5	0.5
尼克酸（毫克/千克）	30.0	30.0	50.0	50.0	30.0	30.0
泛酸（毫克/千克）	8.0	8.0	12.0	12.0	8.0	8.0
生物素（微克/千克）	80.0	80.0	80.0	80.0	80.0	80.0
胆碱（毫克/千克）	100.0	100.0	200.0	200.0	100.0	100.0

二、獭兔的营养需要

我国推荐的獭兔饲养标准

营养指标	生长兔	成年兔	妊娠兔	哺乳兔	毛皮成熟期
消化能（兆焦/千克）	10.46	9.20	10.46	11.3	10.46
粗蛋白质（%）	16.5	15	16	18	15
粗脂肪（%）	3	2	3	3	3
粗纤维（%）	14	14	13	12	14
钙（%）	1.0	0.6	1.0	1.0	0.6

（续）

营养指标	生长兔	成年兔	妊娠兔	哺乳兔	毛皮成熟期
磷（%）	0.5	0.4	0.5	0.5	0.4
蛋氨酸+胱氨酸（%）	0.5～0.6	0.3	0.6	0.4～0.5	0.6
赖氨酸（%）	0.6～0.8	0.6	0.6～0.8	0.6～0.8	0.6
食盐（%）	0.3～0.5	0.3～0.5	0.3～0.5	0.3～0.5	0.3～0.5
日采食量（克）	150	125	160～180	300	125

引自：陶岳荣等，獭兔高效益饲养技术，2001。

三、长毛兔的营养需要

长毛兔是我国人民对毛用兔的俗称，世界上统称为安哥拉兔，我国饲养的长毛兔主要有法系、英系、德系和中系等安哥拉兔品系。

我国安哥拉毛兔营养需要量——推荐饲粮营养成分含量

营养指标	幼兔	青年兔	妊娠母兔	哺乳母兔	产毛兔	种公兔
消化能（兆焦/千克）	10.45	10.04～10.46	10.04～10.46	10.88	10.04～11.72	12.12
粗蛋白质（%）	16～17	15～16	16	18	15～16	17
粗纤维（%）	14	16	14～15	12～13	12～17	16～17
粗脂肪（%）	3.0	3.0	3.0	3.0	3.0	3.0
钙（%）	1.0	1.0	1.0	1.2	1.0	1.0
总磷（%）	0.5	0.5	0.5	0.8	0.5	0.5
赖氨酸（%）	0.8	0.8	0.8	0.9	0.7	0.8
蛋氨酸+胱氨酸（%）	0.7	0.7	0.8	0.8	0.7	0.7
精氨酸（%）	0.8	0.8	0.8	0.9	0.7	0.9
食盐（%）	0.3	0.3	0.3	0.3	0.3	0.3
铜（毫克/千克）	2～200	10	10	10	20	10
锰（毫克/千克）	30	30	50	50	30	80
锌（毫克/千克）	50	50	70	70	70	70

（续）

营养指标	幼兔	青年兔	妊娠母兔	哺乳母兔	产毛兔	种公兔
钴(毫克/千克)	0.1	0.1	0.1	0.1	0.1	0.1
维生素A(国际单位/千克)	8 000	8 000	8 000	10 000	6 000	12 000
胡萝卜素(毫克/千克)	0.83	0.83	0.83	1.0	0.62	1.2
维生素D(国际单位/千克)	900	900	900	1000	900	1000
维生素E(毫克/千克)	50	50	60	60	50	60

引自：中国农业科学，1991，24（3）。

第三节　饲粮配制

一、饲粮配制原则

● **科学性**　饲粮配制要根据家兔的不同品种、年龄、生理状况和生产水平等参照相应的饲养标准制定合理的营养水平。

不同阶段肉兔的营养需要

不同阶段獭兔的营养需要

不同阶段毛兔的营养需要

● **营养全面平衡**　饲料不仅要包括能量饲料、蛋白质饲料、粗饲料和添加剂饲料（维生素饲料、常量矿物质饲料、微量矿物质饲料和药物添加剂），而且各饲料组分的比例必须合理。

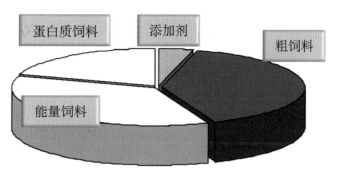

● **安全性**　饲料要保证安全，就不能使用发霉变质、带泥带沙、冰冻、含露水的、农药污染、含有毒素的饲料原料，也不能添加国家规定的禁用药物。

发霉变质、带泥带沙的、冰冻、含露水的、打过农药的、本身含有毒素的草和违禁添加剂的饲草料，我通通都不要

● **经济性**　配制饲料的原料来源要广，供给要稳定，价格要便宜；配制的饲料产品的档次、市场定位要符合市场的需求，要有较高的性价比，满足不同客户的需要。

兔子吃了这个料，腹泻少，长得快，价格还便宜，好！好！好

● **适口性**　饲料原料要选择适口性好、易被兔消化吸收的原料，同时要考虑原料的营养浓度，体积不宜过大。

二、饲料类型

● **精料补充料**　为补充以各类青饲料为基础日粮的家兔营养需要而设计的一种半混合饲料，主要由能量饲料、蛋白质饲料和饲料添加剂等组成。精料补充料不能直接饲喂家兔，必须与青饲料搭配饲喂。

● **全价颗粒料**　指根据家兔不同生长阶段、不同生理要求、不同生产用途的营养需要，按科学配方把多种不同来源的饲料，依一定比例均匀混合，并按一定的工艺流程生产的颗粒饲料。全价配合饲料营养全面平衡，可以直接饲喂家兔。

三、饲料储存

● **储存方法** 饲料应放在阴凉干燥处，摆放时分门别类、整齐规范，使用时坚持先进先出的原则。

● **储存注意事项** 注意通风、干燥、避光，注意防火、防潮、防盗，严格控制入库原料水分，注意防止鼠害、虫害和控制仓库温湿度。

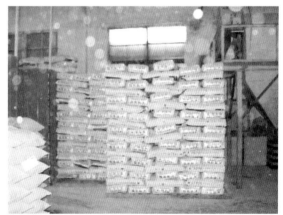

四、饲料安全

● **原料选择** 家兔饲料原料的选择要坚持安全性、经济性、适口性和可消化性。安全性要符合国家饲料法规和原料验收标准；经济性要选择性价比高的原料，按照原料价值进行采购；适口性和可消化性要选择适合家兔口味的易于被家兔消化的原料。

配合饲料原料一定要注意：安全、经济、适口、易消化

● 原料检查

➢ 原料抽样 检查原料，首先要抽取有代表性的样品。

➢ 感官检查 对采集的样品进行感官检测，主要观察原料的气味、色泽、霉变和虫蛀等。

➤ **显微镜检查** 对于经济价值较高的蛋白质饲料，特别是鱼粉，需要显微镜检测，看是否掺假。

➤ **化验分析** 对样品进行化学分析，确定原料营养价值和卫生指标。

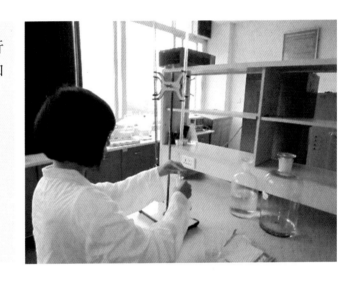

● **药物、添加剂使用** 要按照国家相关法律规定合理使用添加剂，法律法规允许使用的（抗球虫药、促生长药、助消化药和饲料保护剂）要注意用量和休药期；法律法规严禁使用的添加剂（如激素类和三聚氰胺等），坚决不能使用。

抗球虫药 促生长药 助消化药 脱霉剂 …… 合理使用 配合饲料 严禁添加 激素类 三聚氰胺类 ……

五、参考饲料配方

● **仔兔（肉兔）** 苜蓿草粉30%、玉米23%、小麦麸21.8%、大豆粕（蛋白质含量43%）15%、菜籽粕2%、蚕蛹4%、葡萄糖1%、磷酸氢钙1%、石粉0.7%、预混料1%和食盐0.5%。

● **生长兔（肉兔）** 苜蓿草粉31%、玉米28%、小麦麸21.8%、大豆粕（蛋白质含量43%）11%、菜籽粕3%、蚕蛹2%、磷酸氢钙1%、石粉0.7%、预混料1%和食盐0.5%。

● **繁殖母兔（肉兔）** 苜蓿草粉35%、玉米20%、小麦麸22%、大豆粕（蛋白质含量43%）16%、菜籽粕2%、蚕蛹2%、磷酸氢钙1%、石粉0.5%、预混料1%和食盐0.5%。

● **獭兔** 草粉34％、玉米24％、小麦麸22.3％、豆粕11％、菜籽粕4％、鱼粉2％、磷酸氢钙0.6％、石粉0.5％、添加剂1％、食盐0.3％、蛋氨酸0.2％和赖氨酸0.1％。

● **毛兔** 苜蓿草粉23％、玉米25％、小麦麸32.5％、豆粕9％、大豆秸粉8％、石粉1.2％、添加剂1％和食盐0.3％。

六、饲料加工设备

● **饲料粉碎机** 是一种利用高速旋转的锤片来击碎饲料的机械。它具有结构简单、通用性强、生产效率高和使用安全等特点。

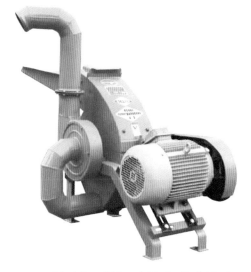

粉碎机型号：4KC自吸式粉碎机（功率1.5千瓦，产量每小时1 000～2 000千克）

● **饲料混合机** 主要靠机械搅拌器、气流和待混液体的射流等，使待混物料受到搅动，各种原料互相掺和，使任何容积里每种组分的微粒均匀分布，以达到各饲料组分混合均匀的机械。

混合机型号：9HWP（功率：1.5千瓦，产量每小时300～5 000千克）

● **饲料制粒机** 又名颗粒饲料制粒机，是一种可以把已经混合均匀的粉状配合饲料，通过蒸汽加热、调质、挤压和制粒等工序，最终制成具有一定糊化度、一定水分含量的颗粒饲料的设备。

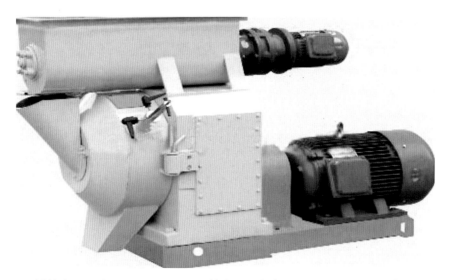

制粒机：型号：9KJ-25B颗粒机（功率：75千瓦，产量每小时400～1 200千克）

（本章图片均由郭志强提供）

4 第四章　兔的饲养管理技术

第一节　兔饲养管理的基本原则

一、基本原则

● **因地制宜、科学地选择日粮**　家兔是草食动物，饲粮中以青、粗饲料为主，精料为辅。现代养兔普遍使用两种结构类型的日粮，分别为青饲料加精料补充料和全价饲料，这两种日粮结构都能满足兔子的采食特性，而选用哪一种日粮，则要根据当地的实际情况而定。

➤ **青饲料加精料补充料**　青饲料丰富的季节和地区可选用此种日粮，能够大大降低饲料成本。

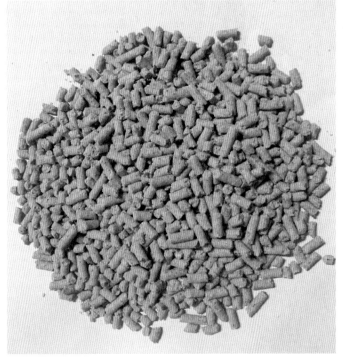

➤ **全价饲料**　青饲料匮乏的季节和地区可选用此种日粮，饲喂方便，节省劳动力。同时，在采用全价料饲喂时，给种兔补充少量的青饲料，有助于提高其繁殖性能。

● **定时定量、看兔看季节喂料**　根据不同品种、大小、体况、季节和气候条件等定时、定次、定量饲喂。

日粮结构类型	兔所处阶段	喂料量	附注
青饲料加精料补充料	幼兔	日平均饲喂青草250克以上，精料补充料20～75克（兔自身重的5%左右）	以1千克重的兔为例，精料补充料的日饲喂量约为50克
青饲料加精料补充料	成年兔	日平均饲喂青草500克以上，精料补充料50～100克	根据兔子体况、所处生理阶段等酌情增减
全价饲料	幼兔	平均日饲喂量为75～100克（兔自身重的7%左右）	以1千克重的兔为例，全价料的日饲喂量约为70克
全价饲料	成年兔	100～150克	根据兔子体况、所处生理阶段等酌情增减

量体裁衣，看兔喂料

● **保证饲料品质、合理调制饲料** 供给新鲜、优质饲料，杜绝霉烂变质、有毒有害饲料。籽实类、油饼类饲料和干草在喂前宜经过粉碎，粉料加工成颗粒饲料，块根、块茎类饲料应洗净、切碎，薯类饲料熟喂效果更好。

保证饲料品质

● **更换饲料逐渐过渡** 饲料更换，无论是数量的增减还是种类的改变，都必须坚持逐步过渡的原则。变化前应逐渐增加新换饲料的比例，每次不宜超过1/3，过渡时间以5～7天为宜。

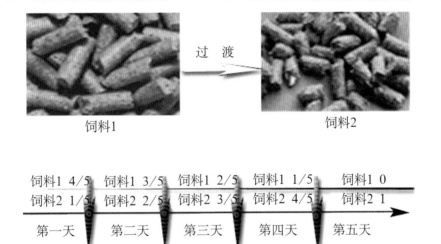

饲料1　　　　　　　　　　饲料2

饲料1 4/5	饲料1 3/5	饲料1 2/5	饲料1 1/5	饲料1 0
饲料2 1/5	饲料2 2/5	饲料2 3/5	饲料2 4/5	饲料2 1
第一天	第二天	第三天	第四天	第五天

更换饲料的饲喂方法（以5天过渡期为例）

● **保证饮水的供给** 自由饮水，水质应符合《无公害食品 畜禽饮用水水质》（NY5027—2001）的要求。

● **创造良好的环境条件**　针对当地气候条件，做好以下工作：每天打扫兔笼舍，清除粪便，经常洗刷饲具，勤换垫草，定期消毒，以保持兔舍清洁、干燥，使病原微生物无法孳生繁殖；夏季防暑，冬季防寒；保持兔舍安静、无兽害，适时分笼，搞好管理。

安静清洁的环境，是高产高效的前提

● **严格防疫制度**　建立健全疫苗注射、预防投药、定期消毒、病兔隔离、引种隔离以及加强进出人员管理等兔场防疫制度，谨记"预防为主，养防结合"。

防重于治

二、饲养管理基本技术

● **捉兔方法**　先使兔安静，不让其受惊，然后从头部顺毛抚摸，一只手将其颈部皮肤连同双耳一起抓牢，轻轻提起，另一只手顺势托住其臀部，使家兔的重量主要落在托其臀部的手上（四肢向外），这样既不伤害兔体，也可避免兔子抓伤人。

捉抓双耳

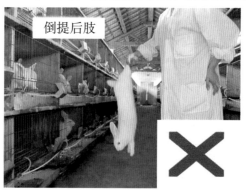

倒提后肢

捉抓腰部、表皮

正确捉兔方法

● **年龄鉴别** 在不清楚兔子出生日期的情况下，可以根据兔的趾爪、牙齿、皮板、眼睛的神色等来辨别兔子的年龄。

➤ **青年兔** 趾爪颜色红多于白，短而直，无弯曲；牙齿颜色较白、排列整齐；皮板薄且有弹性；精神状态好，反应灵活。

青 年 兔

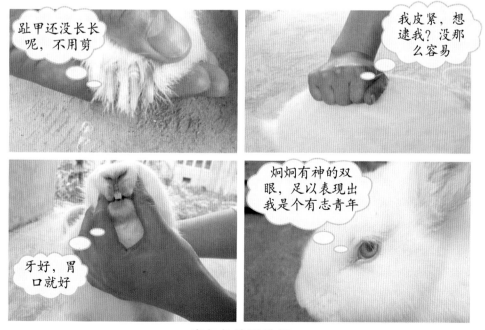

青年兔外观特征

➤ **老年兔**　趾爪颜色白多于红、有弯曲；牙齿颜色暗黄、排列不整齐、时有破损；皮板厚且松弛；眼神无光、反应迟钝。

老 年 兔

老年兔外观特征

➤ **壮年兔**　壮年兔的各种特征介于青年兔与老年兔之间。

壮 年 兔

● **性别鉴定**

➢ **断奶仔兔** 将仔兔腹部向上，用拇指与食指轻压阴部开口两侧皮肤，进行外生殖器检查。

公兔：呈O形并有圆筒状突起。

母兔：呈V形或椭圆形，下边裂缝延至肛门，没有突起。

 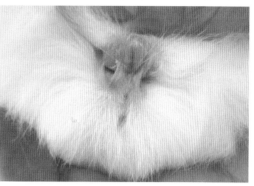

公　兔　　　　　　　　　　　　　　母　兔

➢ **成年兔** 根据有无阴囊，便可鉴别公、母兔，有阴囊的为公兔，无阴囊的为母兔。

 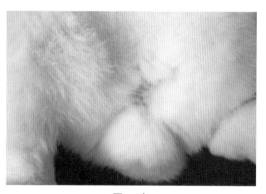

公　兔　　　　　　　　　　　　　　母　兔

● **编耳号** 为便于管理和操作，种兔和试验用兔须编号，性别以左右耳编号区分。

➢ **耳号钳法** 采用耳号钳和配套的字母钉和数字钉进行标注，此法简单易行，成本低廉，广泛适用于肉兔、獭兔饲养场、户。

耳号钳和配套的字母钉、数字钉

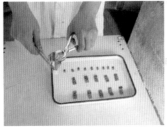

消毒工具

排　号

耳部消毒

数日后显出清晰的号码

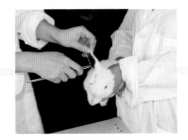

涂抹醋墨

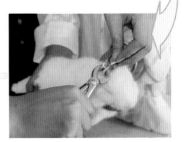

扎　穿

打耳号过程

▲ **注意事项**　① 消毒须彻底，否则易引起耳部发炎脓肿；② 排号时为反方向，则打出来的号码为正方向；③ 扎穿时要避开血管较多的部位，尤其是耳中动脉，否则会导致出血不止；④ 从耳内侧而不是外侧扎穿；⑤ 染色必须用醋墨（即用醋研磨成的墨汁或在墨汁中加少量食醋），确保每个号码都浸润到，否则会造成号码丢失或不清晰，难以辨认。

➤ **耳标法**　所编号码事先冲压或刻印在耳标上，将金属耳标或塑料耳标卡压在兔耳上。此法操作方便，适用于毛兔和单笼饲养的肉兔和獭兔，号码标识可自行设计，但成本较耳号钳法高。

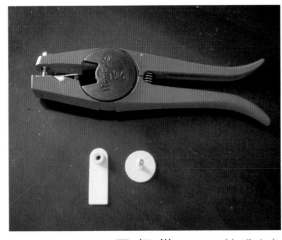

耳标钳　　　（何张仙）

带上耳标

第二节　不同阶段兔的饲养管理

一、种公兔的饲养管理

▲ **重点**　培育生长发育好、体质健壮、肥瘦适度、性欲旺盛、精液品质优良、健康无病的种公兔。饲料要求体积小、适口性好、高蛋白以及充足的矿物质和维生素（尤其是维生素A和维生素E等）、营养全面均衡。管理要精心，种兔笼位要宽大，以方便配种，定期进行疾病巡检，公、母比例合理，配种强度适中。

种 公 兔

一般而言，商品兔场的公母比为1：8～10，种兔场为1：4～5，若采用人工授精则公兔的比例可降低；青年兔和老年兔配一天休息一天，每天配种1次为宜，壮年兔配两天休息一天，每天配种次数不超过2次。配种时采用重复配种或双重配种的方法可有效提高母兔的受胎率。重复配种是指母兔与同一只公兔连续交配2次或以上，此法适用于种兔场和商品兔场。双重配种是指用同一只母兔与两只不同的公兔配种，此法只适用于商品兔场。

二、种母兔的饲养管理

● 空怀期

▲ **重点**　使母兔迅速恢复膘情，促使其尽快发情。饲养上要根据母兔体况调整日粮水平和饲喂量，补喂优质青绿饲料。管理上要防止母兔过肥或过瘦，同时注意观察发情情况，适时配种。

空怀母兔

● **妊娠期**

▲ **重点** 保证营养以确保母体健康和胎儿的正常发育，防止流产和早产。

妊娠前期饲养水平略高于空怀期，后期（18天以后）加强营养，临产前1～2天控制喂量。

防止流产的措施：① 避免近亲交配；② 避免过早配种；③ 不随意捕捉，摸胎时动作要轻柔；④ 做好疫病防治工作；⑤ 保证饲料品质，避免突然换料和饲喂发霉变质、冰冻饲料等；⑥ 避免突然惊吓等。

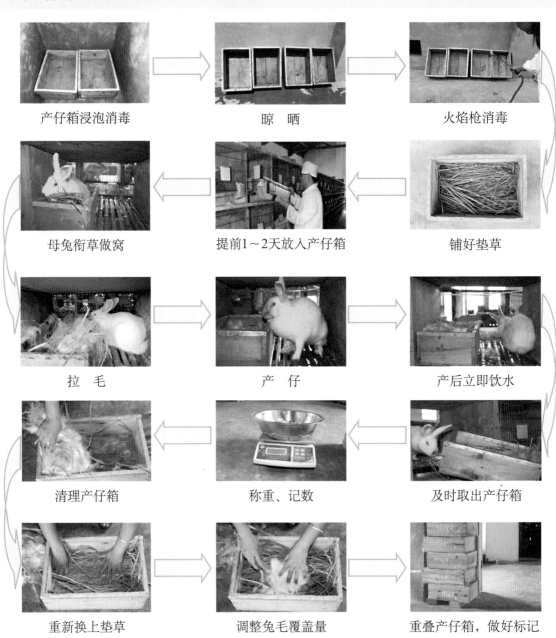

产仔箱浸泡消毒　　　　晾晒　　　　　火焰枪消毒

母兔衔草做窝　　　提前1～2天放入产仔箱　　　铺好垫草

拉毛　　　　　　产仔　　　　　产后立即饮水

清理产仔箱　　　　称重、记数　　　　及时取出产仔箱

重新换上垫草　　　调整兔毛覆盖量　　　重叠产仔箱，做好标记

接产工作流程

▲ **注意事项** ① 检查自动饮水器是否通畅，保证干净清洁的饮水，以防产生食仔癖；② 对不会拉毛的母兔要进行人工辅助拉毛；③ 对难产母兔要用催产素进行人工催产。

检查自动饮水器

人工辅助拉毛

● **哺乳期**

▲ **重点** 保证营养的供给，以提供量多质好的奶水，维持母兔体况和繁殖机能，重点防治乳房炎。

➤ 饲养注意事项 产后1～2天要少喂精料，多喂青绿饲料，3天以后逐渐增加，根据母兔体况、泌乳及仔兔粪便情况等适时调整饲料种类和喂量。

甘甜的青草吃了以后啊，消化好了，奶水足了，大便也不干结了

补充青绿饲料

（郭志强）

➤ 管理要细致 保持笼舍笼具的清洁卫生和光滑平整，每天喂奶1～2次，对有奶不喂的母兔施行强制哺乳。若发现乳房有硬块、红肿等应及时治疗。

母仔分笼

母仔混养

喂奶时放入产仔箱

母兔跳入产仔箱内哺乳

抽出产仔箱，检查仔兔吃奶情况

母仔分笼饲养法

有时候，母性也是需要培养的

强制母兔哺乳

三、仔兔的饲养管理

▲ **重点** 保证仔兔的营养供给，降低死亡率，提高断奶重。

饲养上首先要使仔兔在出生后6 ～ 10小时吃到初乳，同时要使每只仔兔每天都吃饱，通过强制哺乳、按时喂奶、寄养或并窝、分批哺乳、人工哺乳、弃仔以及提早补饲（16日龄左右时开始）等综合措施确保仔兔的营养供给。

确保营养供给

检查仔兔吃奶情况

管理上要给仔兔提供温暖舒适的环境，保暖防冻、防兽害、防吊乳等。此外，要注意做好黄尿病等的防治工作，并适时断奶（28～35日龄）。

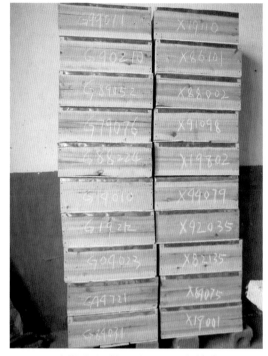

重叠产仔箱，保暖、防兽害

四、幼兔的饲养管理

▲ **重点**　保证营养、精心护理，过好"四关"，即断奶关、饲料关、环境关、疫病关，尽量减少应激反应。

饲养上要坚持少量多餐，定时定次，逐渐增加饲喂量。

管理上要精心，保持清洁的环境卫生和合适的饲养密度，随时观察幼兔的采食、精神以及粪便情况，结合环境和气候条件，及早做好疾病的防治工作。

离开妈妈温暖的怀抱，成长的道路很艰辛，但是我们坚信可以挺过去

五、后备兔的饲养管理

▲ **重点**　3～4月龄时注意供给充足的蛋白质、矿物质和维生素A、维生素D、维生素E等，以形成健壮的体质，4月龄后适当限制能量饲料的比例，增加优质青饲料和干青草的喂量，防止体况过肥，保证适时发情。管理上采用单笼饲养，以防止互相咬斗及公、母兔间的早交乱配，同时确保疫苗（特别是兔瘟疫苗）的注射。

打架斗殴后的兔子

（以上两节中未标注提供者名字的图片均由李丛艳提供）

第三节　不同用途兔的饲养管理

一、商品肉兔的饲养管理

● **选择优良品种或杂交组合**　生产中商品肉兔育肥主要有三个途径：一是优良品种直接育肥，如选择新西兰兔、加利福尼亚兔等进行纯种繁育，后代直接用于育肥；二是二元杂交兔育肥，如用良种公兔和本地母兔杂交生产商品肉兔；三是饲养配套系，如齐卡肉兔配套系、伊拉配套系等生产商品肉兔。

二元杂交育肥的模式

● **合理分群**　按个体大小、强弱将断奶兔进行分群饲养、分批育肥。

按照个体差异，分群饲养

身有残疾，得尽早淘汰

淘汰病弱幼兔

● **饲养方式**

➤ **适度规模化兔场**　可采用分阶段育肥法。

第一阶段：从补饲开始到55日龄采用全价颗粒料饲养。

固定在桌面上，右手拇、食、中指将兔毛顺毛生长的方向，一小撮一小撮均匀地拔下。拔时不要贪多，以免损伤皮肤。由于幼兔皮肤较细嫩，首次拔毛应到七八月龄第三次采毛时开始。

第四节　不同季节饲养管理要点

一、春季饲养管理要点

● **搞好春繁**　春季公兔性欲旺盛，母兔发情正常，配种受胎率较高。这时应抓紧春季繁殖，争取高产高效。

● **把好饲料关**　逐渐增加青绿饲料，少喂高水分饲草，适当增加干粗饲料。不喂霉变、带泥浆和堆积发热的饲料。

霉变饲料

● **预防疾病** 春季气温忽高忽低，要根据当时的天气情况开关门窗，保持兔舍内温度相对稳定。搞好兔瘟等传染病的预防接种。

开关门窗要根据天气变化而定

二、夏季饲养管理要点

● **防暑降温** 开放式兔舍可种植藤蔓类植物或及时搭设遮阳网，让其在屋顶上蔓延、遮阳；封闭式兔舍打开门窗，采用风扇、排气扇或空调等降温；在特别高温地区，种兔一般停止繁殖。毛兔可根据情况剪短被毛和头面毛。同时在饮水中视情况加入防暑药物如十滴水等。

绿化遮阴

搭设遮阳网

开窗透风

吊 扇

排气扇

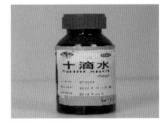

防暑药物

防暑措施及设备

● **精心饲喂** 夏季炎热，家兔往往食欲不振，注意饲料的适口性，提高饲料蛋白质含量，防止饲料发霉变质。饲养上调整喂料时间，保证充足饮水。

● **搞好卫生** 食槽和笼舍常清理，地面勤打扫，搞好环境卫生，做好灭蚊蝇工作。把环境控制好是保证家兔顺利度夏的重要条件。

勤打扫　　　　　　　　　　　　灭蚊蝇

三、秋季饲养管理要点

● **调整繁殖群** 7～8月对兔群进行一次全面调整，并全场大消毒，淘汰3年以上老年兔、繁殖性能差和病残等无种用价值的种兔。

● **搞好秋繁**　秋季管理以"早配、多配、多怀"为中心，加强公兔日粮营养，保证充足的青绿饲料。

繁殖的季节又到了！

● **加强换毛期营养**　成年兔秋季进入换毛期，应多供应青绿饲料，适当增加日粮蛋白质水平。

天气渐凉，我得脱去夏装换冬装了

补充青绿饲料

● **储备饲草饲料**　按时播种黑麦草、菊苣、苜蓿等优质牧草，并及时收储青粗饲料，做好前期管理。

四、冬季饲养管理要点

● **保暖防寒**　兔舍温度保持相对稳定，不可忽高忽低。封闭式兔舍门窗关闭，开放式兔舍挂上草帘等进行保温，严防贼风侵入。

侧墙加帘防风

暖气保暖

关闭门窗

地窗

地窗换气

保暖措施

● **注意饲喂**　饲料的饲喂量要比其他季节增加10%以上，要喂些能量高的饲料。设法补充青绿饲料或菜叶、胡萝卜等，以补充维生素。不能喂冰冻或含露水的青绿饲料。

增加饲喂量

不喂冰冻、含露水饲草

● **保护仔兔、幼兔**　产仔箱内填充足够的垫草，如薄碎刨花、稻草等，防止仔兔冻死。精细管理仔幼兔。

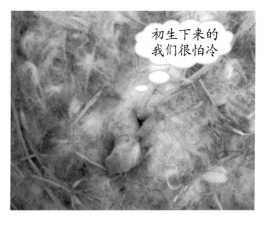

初生下来的我们很怕冷

勤换产仔箱内的垫草

（以上两节中未标注提供者名字的图片均由郑洁提供）

第五章 常见疾病诊治

第一节 消毒与防疫

一、日常消毒制度

● **一般消毒** 规模化兔场一般可使用百毒杀等消毒剂，采取喷雾消毒的方式，定期进行带兔消毒。

喷雾消毒

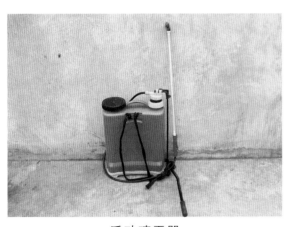

手动喷雾器

机动喷雾器

● **全面消毒**　一般出栏一批商品兔后进行一次大消毒（封闭式兔舍采用熏蒸消毒，开放式采用过氧乙酸或烧碱喷雾消毒），同时采用火焰消毒，使笼舍墙壁、背网保持干净。

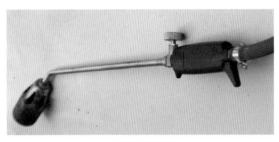

火焰消毒枪

火焰消毒

● **特殊消毒**　封闭式兔舍采用甲醛熏蒸消毒方式，密闭24小时后打开门窗通气，直到兔舍内无异味方可进兔。

甲醛熏蒸消毒操作过程：

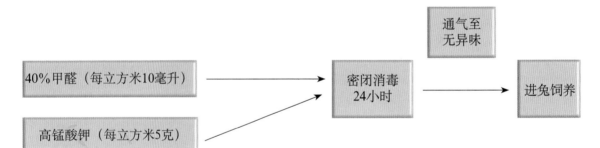

● **附属器具的消毒**　食槽、笼底板、产仔箱等器具定期取出浸泡（0.4%高锰酸钾液或2%烧碱液），清洗干净后在太阳下晾晒。

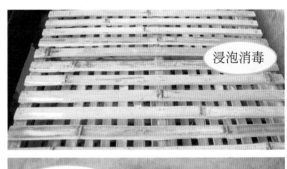

浸泡消毒

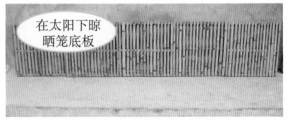

在太阳下晾晒笼底板

在太阳下晾晒产仔箱

在太阳下晾晒食槽

● **进出车辆人员的消毒**　兔舍生产区门口应设置消毒池，对进出场车辆消毒，消毒液可采用2%的烧碱液，每周更换一次；兔场工作人员进场时应更换工作服、鞋和帽，且消毒后进场（可采用紫外灯消毒）。

紫外线消毒

踩踏消毒

消毒池

消毒室

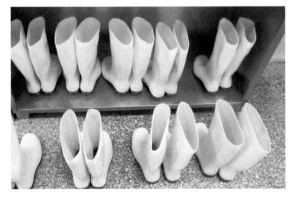

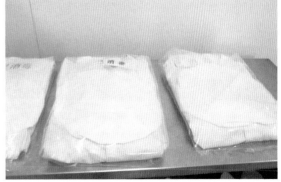

二、防疫制度

规模化兔场应贯彻"预防为主、防重于治、科学免疫"的防疫方针，根据自身兔场疫病流行情况制定合理、科学的免疫程序。推荐以下免疫程序供参考。

● 种兔的推荐免疫程序

预防疾病名称	疫苗种类	使用方法	免疫时间	免疫期
兔病毒性出血症（兔瘟）	兔病毒性出血症灭活疫苗	皮下注射	每年免疫2次	6个月
兔巴氏杆菌病	兔多杀性巴氏杆菌灭活疫苗	皮下注射	每年免疫2次	6个月

● 商品兔的推荐免疫程序

预防疾病名称	疫苗种类	使用方法	免疫时间	免疫期
兔大肠杆菌病	兔大肠杆菌多价灭活疫苗	皮下注射	25～30日龄	6个月
兔产气荚膜梭菌（A型）	家兔产气荚膜梭菌（A型）灭活疫苗	皮下注射	35～40日龄	6个月
兔病毒性出血症、巴氏杆菌病	兔病毒性出血症、多杀性巴氏杆菌病二联灭活疫苗	皮下注射	40～45日龄	6个月

　　▲ **免疫注意事项**　首先仔细阅读疫苗使用说明，严格按照说明书规定使用、保存和运输；不同疫苗注射时间应间隔5～7天；疫苗注射前要充分做好准备工作，合理组织安排人力，对注射用针头、注射器和镊子等必须事先消毒好备用；对发病、体质虚弱的疑似病兔、怀孕后期的母兔等不宜进行免疫接种。

　　● **药物预防**　在家兔养殖环节中，还有许多疾病不能仅仅依靠制定免疫程序进行预防，需要使用药物进行预防才能起到有效的防治作用。下面推荐几类常见疾病及药物预防措施。

疾病种类	典型症状	推荐药物	使用方法
消化道类疾病	腹泻、腹胀、便秘等	环丙沙星、氧氟沙星、恩诺沙星、新霉素等	口服、饮水、拌料等
呼吸道类疾病	打喷嚏、流鼻液（浆性、脓性、血性等）、肺炎等	青霉素、链霉素、泰乐菌素、磺胺类药物	口服、饮水、拌料，肌内注射等
产科感染类疾病	子宫炎、阴道炎、子宫积脓等	青霉素、链霉素、磺胺类药物等	肌内注射
螨虫类疾病	有螨虫检出	伊维菌素等	肌内注射、拌料
球虫病	有球虫卵囊检出	氯苯胍、地克珠利、盐霉素等	拌料、饮水等
绦虫类疾病	有绦虫检出	丙硫咪唑、吡喹酮	口服、拌料
线虫类疾病	有线虫检出	伊维菌素、阿维菌素等	肌内注射、拌料

（本节图片均由邝良德提供）

第二节 常规检查与治疗

一、定时巡检

兔场兽医工作人员要做好定时巡视检查工作，及时了解和掌握兔群健康状况。

定时巡检

二、常规临床诊断

● **精神状态观察** 精神状态是家兔健康状况的直接反映。健康家兔一般表现精神良好、两眼有神、精神正常；病兔分精神兴奋和精神沉郁两种：精神兴奋主要表现为对外界刺激反应强烈，躁动不安，转圈运动等，此类症状常见于食盐中毒、日射病、脑膜炎等；精神沉郁主要表现为对外界刺激反应迟钝，头低耳耷，闭眼昏睡，常呆于兔笼一角，此类症状多见于传染病、胃肠炎、一些中毒病等。

● **被毛观察**　被毛可以反映家兔的全身健康状况，健康家兔被毛整齐、有光泽，而病兔被毛表现为凌乱、无光泽、整齐度较差等。

被毛凌乱

被毛有光泽

● **采食状况观察**　家兔的采食状况是家兔全身及消化道健康状况的直接反映。健康兔群在饲养人员喂料时表现为采食积极主动、食欲旺盛等，而病兔则表现为采食量降低或食欲废绝。

采食正常

食欲减少或废绝

● **饮水状况观察**　饮欲是家兔需水量程度的反映，健康家兔在采食过程中和采食后要进行饮水，同时家兔饮水量与气候有关，夏天饮水量明显增加。

健康饮水

● **粪便观察**　根据家兔的粪便形状、性质可初步判断家兔的消化系统功能和病情。家兔粪便的病理状况表现为软粪（与正常软粪区别）、稀粪、便秘（粪便细小且量少）。软粪是消化道疾病初期的征兆，稀粪则是比较严重的消化道病症，便秘是由于日粮粗纤维过高、胃肠道消化机能迟缓或其他疾病所致。

正常粪便

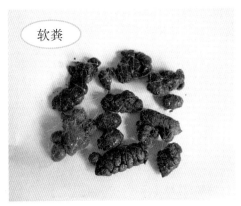

● **可视黏膜检查**　可视黏膜检查主要指观察家兔鼻黏膜（鼻液）、眼结膜、口腔黏膜、生殖道黏膜等。

　　健康家兔鼻黏膜表现干净。在做鼻黏膜（鼻液）检查时，应注意分泌物的变化、性状（如浆液性、脓性、血性）等。

鼻黏膜、鼻液检查

　　健康家兔的眼结膜表现红润。根据家兔眼结膜的色泽变化可分为结膜潮红、结膜黄染、结膜发绀、结膜苍白等病理症状。

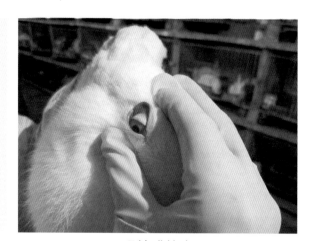

眼结膜检查

　　健康母兔生殖道黏膜为白色或淡红、大红或紫红色。有些生殖道疾病，可表现出生殖道红肿、分泌物增加（发情除外），甚至脓性分泌物症状。

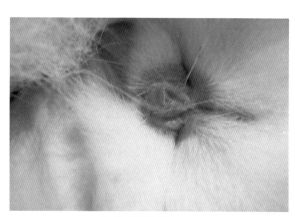

生殖道黏膜检查

● **体温检查**　在规模化兔场应配备体温计，检查疑似病兔的体温状况，以便及时了解病情，有经验的兽医人员可通过手握家兔耳朵来检查家兔的体温状况，判断兔只体温变化。

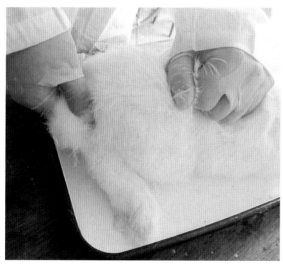

体温检测

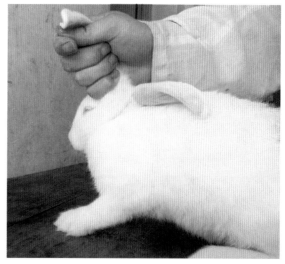

耳温检查

三、病理学诊断

家兔病理学剖检是诊断家兔疾病的重要方法和手段。临床上许多疾病单靠流行病学、临床症状难以对病情做出准确判断，须借助病理学剖检，查看典型病理特征才能更有效地做出判断。

● **剖检器械、物品** 常见的主要剖检器械及物品包括解剖盘、解剖剪、手术刀、镊子、手套等。

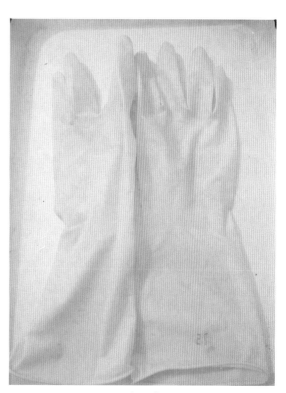

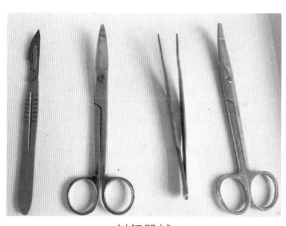

剖解器械

手 套

● 剖检方法

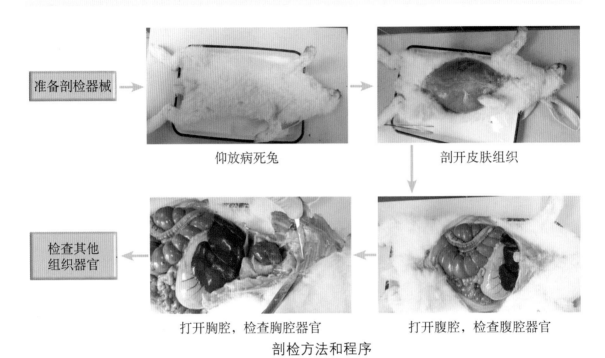

准备剖检器械 → 仰放病死兔 → 剖开皮肤组织

检查其他组织器官 ← 打开胸腔，检查胸腔器官 ← 打开腹腔，检查腹腔器官

剖检方法和程序

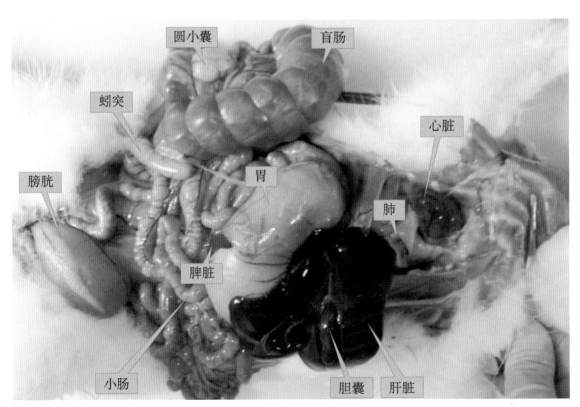

家兔的主要器官

圆小囊　盲肠　蚓突　心脏　膀胱　胃　肺　脾脏　小肠　胆囊　肝脏

四、主要给药途径

● **肌内注射**　选择家兔大腿内侧或外侧部位进行注射，主要用于预防或治疗家兔疾病。强刺激剂（如氯化钙）不能肌内注射。

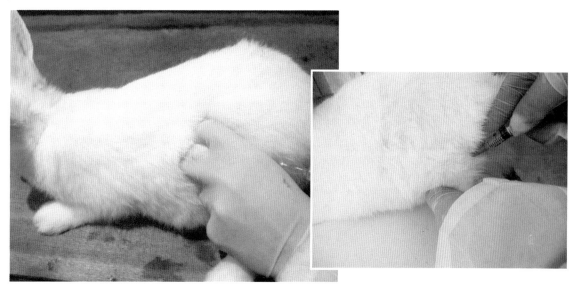

肌内注射

● **皮下注射**　选择家兔颈部、肩前、大腿内侧等皮肤松弛的部位注射。主要用于家兔疫苗接种注射。

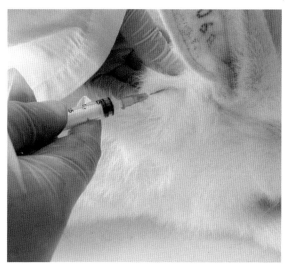

颈部皮下注射

大腿内侧皮下注射

● **涂抹法** 用镊子夹取棉花蘸取药物在患部涂抹，该给药途径是一种局部给药的方式，主要用于家兔皮肤病的治疗，如皮肤真菌病、体外寄生虫病的防治。

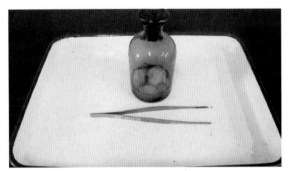

药品、镊子

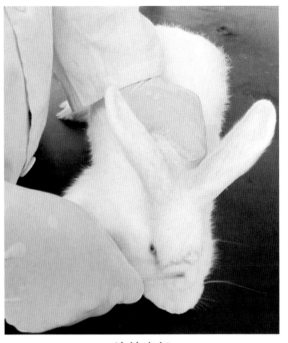

涂抹患部

● **灌服法** 采用盛有药物的注射器或滴管灌服兔子，主要用于液体药物的给药；若是片剂可采用人工喂药的方式。这是单个病兔口服给药的常用方法。

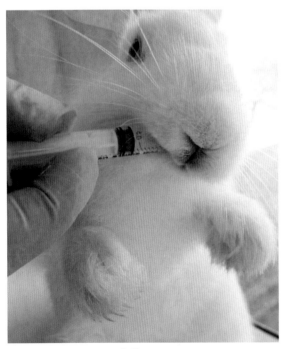

液体口服

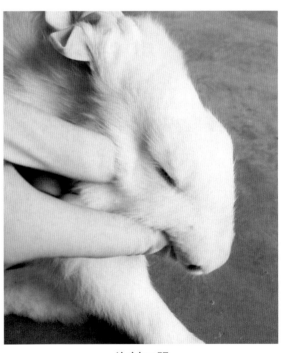

片剂口服

● **饮水** 将药物添加到饮水中，让兔群自由饮水。该法主要用于群体给药。

水箱投药

● **拌料** 将药物添加到饲料中搅拌均匀，然后饲喂。通常是先将添加药物用少量饲料混匀后再用搅拌机搅拌，使得药物和饲料有效混匀。该法主要用于群体预防和治疗疾病，适用于毒性小、无不良气味和刺激性的药物。

第三节 常见疾病

一、传染性疾病

兔病毒性出血症

兔病毒性出血症由病毒性出血症病毒引起，俗称兔瘟。该病主要危害2月龄以上的青、壮年兔和成年兔，一年四季均可发生，冬、春季节更易发，病兔、死兔是主要传染源，环境污染是主要传播因素。该病是家兔的一种急性、烈性、高度接触性传染病。

● **临床症状** 本病呈现发病快、病程短等特点。一般表现为突然发病、体温升高、抽搐倒地、尖叫而死，死后出现角弓反张等临床症状；有的伴随口、鼻有红色泡沫样液体或血液流出，肛门松弛，同时肛门周围有少量淡黄色胶样粪便黏附等症状。

角弓反张、口鼻出血

● **剖检病变** 主要表现为肌肉有散在出血，气管表现严重散在点状出血、瘀血，管内有泡沫状血液的"红气管"症状；肺充血、瘀血、出血、水肿，有大小不一的出血斑点；肝脏肿大、瘀血，颜色变暗，质地变脆；脾脏瘀血、出血、边缘钝圆；肾肿大、有出血点、坏死灶；肠道充血、出血；膀胱积尿等症状。

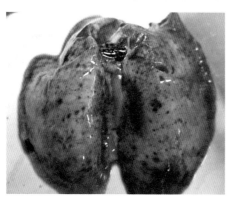

肺部充血、出血

气管出血

脾脏肿大、瘀血　　　　　　肠道充血、出血

● **防治措施**　定期做好该病的免疫接种工作，一旦发病立即隔离病兔，对病死兔做深埋、焚烧等无害化处理，全场消毒。同时采用兔病毒性出血症灭活苗对兔群进行紧急接种，紧急接种剂量为正常用量的2～3倍，一般紧急接种3天后可控制本病的蔓延，7天后可基本控制本病的发生。高兔血清也可用于该病的治疗。

巴 氏 杆 菌 病

该病由兔多杀性巴氏杆菌引起，又称兔出血性败血症，一年四季多发，不同年龄阶段均可感染发病，当饲养环境差或在其他应激因素条件下，可导致本病发生。仔、幼兔发病后的死亡率相对较高。该病菌是家兔呼吸道常在菌，为条件性致病菌。

● **临床症状**

败血症：通常无明显症状就死亡，有的死前出现体温升高、惊厥、倒地等症状。

鼻炎：表现为打喷嚏、流浆性鼻液，鼻液量增多等症状。

黏性鼻液

肺炎：一般表现流黏性或脓性鼻液、体温升高、食欲下降或废绝，病程较长，最终患兔消瘦虚弱而死。

严重肺炎导致黏液结痂

中耳炎：主要是病菌侵害家兔脑部神经，导致偏颈症状，影响采食。

生殖器官炎：主要表现子宫有炎性、脓性分泌物，甚至子宫积脓，睾丸炎等。

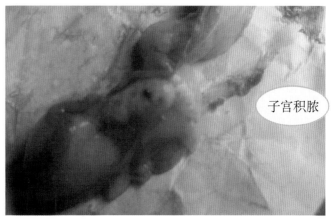

● **剖检病变** 主要表现为全身性充血、出血。肺部表现充血、出血、肿大，肝脏有针尖大小的出血点和坏死点，脾脏、淋巴结肿大、出血；肺炎型主要是肺部表现为纤维素性肺炎、瘀血、坏死，胸膜炎等症状；生殖道感染主要表现为生殖道炎症、化脓、积脓等。

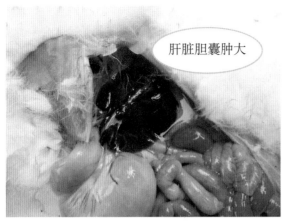

肝脏胆囊肿大

脾脏肿大

● **防治措施**　做好兔舍清洁卫生，保持兔舍环境清洁干燥、通风换气，同时做好免疫接种工作和日常消毒工作。

对病兔要立即隔离，同时选用敏感药物（如庆大霉素、磺胺类）进行治疗，严重病症患兔淘汰处理。

药物治疗：庆大霉素肌内注射，每千克体重1万单位，每天2次，连用3～5天；磺胺嘧啶口服，每千克体重200毫克，每天2次，连用5天；多西环素拌料，每千克体重30～40毫克，连用5天。

大 肠 杆 菌 病

该病由一定血清型致病性大肠杆菌引起。不同季节、不同年龄阶段均可感染发病，但冬春季节和断奶前后家兔更易感染发病。该病在生产中比较常见。

● **临床症状**　急性病例多为败血症，表现突然死亡。多数病例表现为腹泻，有的粪便有胶冻状物质包裹，粪便污染患兔后肢和尾部，有的表现为便秘、粪球较小，成串症状。

拉 稀 粪

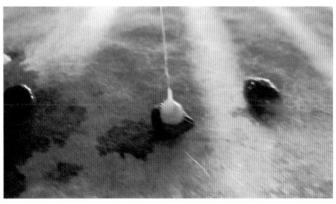

胶冻样粪便

● **剖检病变**　腹泻病兔剖检时可见小肠内有胶冻状内容物和气体，肠壁变薄，有充血、出血症状；胃部膨胀，充满粥样内容物和气体等症状；便秘病兔表现为小肠有细小粪球，盲肠粪便板结；肠黏膜有出血，膀胱积尿等症状。

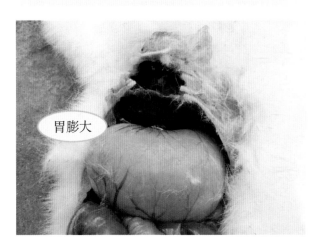

胃膨大

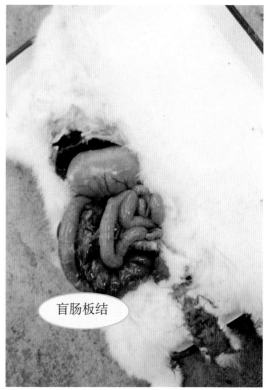

盲肠板结

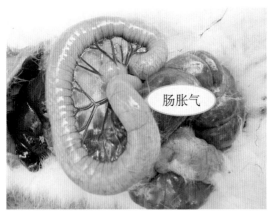

肠胀气

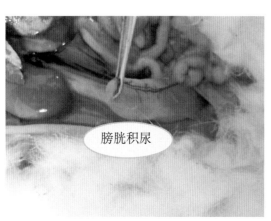

膀胱积尿

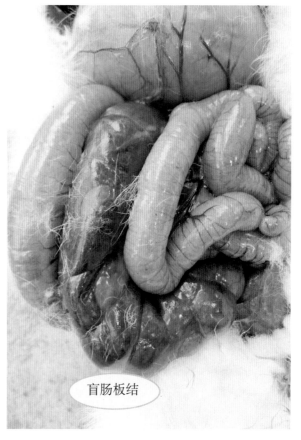

盲肠板结

● **防治措施** 加强饲养管理，搞好饲草和饮水卫生，减少应激因素。对于流行疫区和多发病场可采用兔大肠杆菌多价灭活苗进行免疫预防。发病兔隔离治疗，选用敏感药物（如恩诺沙星）进行治疗。

药物治疗：5%恩诺沙星肌内注射，每千克体重0.5毫升，每天2次，连用3～5天；磺胺脒口服，首次用量每千克体重0.2～0.3克，维持用量每千克体重0.1～0.15克。辅助疗法，可腹腔或静脉注射5%葡萄糖生理盐水30～50毫升、维生素C 2毫升和5%碳酸氢钠溶液5毫升。

魏 氏 梭 菌 病

该病是主要由A型魏氏梭菌及其外毒素引起的一种急性消化道疾病。一年四季均可发生，但冬春两季更为常见，仔、幼兔发病率、死亡率相对较高。青饲料、粗纤维缺乏，应激因素，饲料霉变，饲料蛋白质水平过高等因素可增加该病的发病率。

● **临床症状** 主要表现为精神沉郁、体瘦毛焦、急性下痢、排黑色或褐色水样稀粪，有腥臭味，粪便污染后肢、肛门及尾部部位，提起患兔，粪水从肛门流出，患兔严重脱水、消瘦而死，死前体温下降。该病病程较短，多数表现发病当日或次日死亡，有的可拖延一周才死亡。

精神沉郁、扎堆

黑色稀粪

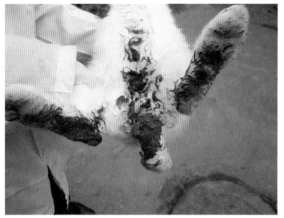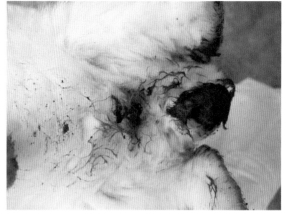

严重腹泻

● **剖检病变** 尸体严重脱水、消瘦，剖开腹腔，可闻到有腥臭味，胃膨大，胃底黏膜脱落、胃壁有溃疡病变；心表面血管怒张呈树枝状；盲肠内容物呈黑色水样，浆膜有刷状出血；脾脏肿大，颜色变暗；肾脏肿大、出血，膀胱积深茶色尿液。

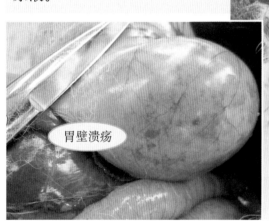

胃壁溃疡

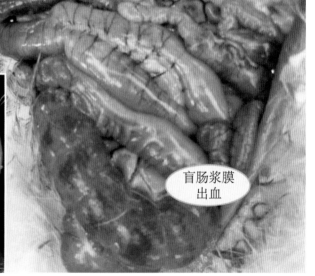

盲肠浆膜出血

● **防治措施** 保持饲料蛋白、能量、粗纤维的平衡，防止饲草霉变、腐败、变质，减少各种应激因素。流行疫区和多发病兔场采用A型魏氏梭菌灭活苗进行免疫预防。

治疗时首先将病兔隔离，对场地、用具、工作人员等进行严格消毒。同时采用2～3倍剂量的A型魏氏梭菌灭活苗进行紧急接种。也可采用敏感抗生素（4%恩拉霉素：每吨饲料加500克）进行治疗，减少外毒素产生，但对已产生的外毒素不起任何作用，治疗中只能起辅助作用。

葡萄球菌病

本病主要由金黄色葡萄球菌引起，不同季节、不同品种和年龄的家兔均可感染发病。临床上主要表现为局部脓肿、仔兔脓毒败血症等病症。

● **临床症状**

局部脓肿：主要在皮下组织表现为局部肿大、有脓疱。

下颌脓疱

脓疱、积脓

仔兔脓毒败血症：主要表现为刚出生仔兔的皮肤出现粟粒大小的白色脓点，该病主要经母源感染发病。脓点破裂后形成溃疡，感染严重的患兔2～5日龄死亡，轻微感染的可耐过，但耐过兔后期生长速度缓慢。

刚出生的仔兔长脓点

● **防治措施**　搞好日常消毒工作，做好种兔生殖道疾病防治工作，加强饲养管理，保证兔笼舍内壁光滑，无锋利异物，避免皮肤受伤等。

局部脓肿治疗：剖开脓疱、排脓、清洗消毒、使用抗生素，同时结合全身治疗。

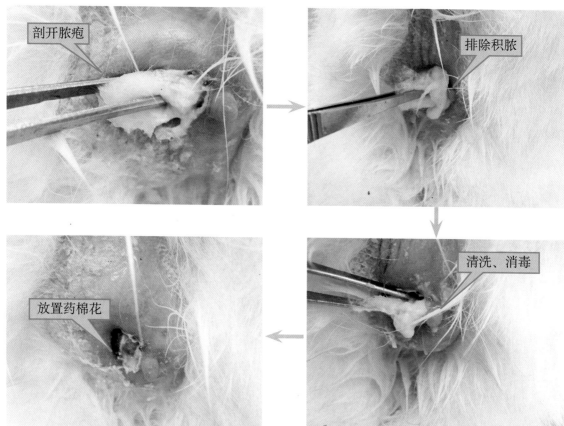

局部脓肿治疗

仔兔脓毒败血症：主要针对母兔进行治疗，配种前、产后可进行药物保健（磺胺类药物），对患病仔兔可采用碘酒涂抹患部进行治疗。

波 氏 杆 菌 病

该病是家兔常见的呼吸道疾病，主要发病于气候多变、阴雨潮湿的季节，不同年龄阶段的家兔均可感染发病，通常与巴氏杆菌、肺炎球菌等混合感染。

● **临床症状** 少数病例表现为败血症。多数病症为流浆液性或黏液性鼻液的鼻炎型，治疗不及时或鼻炎长治不愈可转化为支气管肺炎型，其症状表现为流脓性鼻液、打喷嚏，食欲减退，精神委靡，最后身体消瘦、虚弱而死。

● **剖检病变**　主要为鼻腔内有黏液性分泌物，肺部有充血、瘀血病变，病情严重的表现为肺部出血、间质水肿，化脓，肺部腐败，剑状软骨、心包膜、胸膜有积脓、化脓等症状。

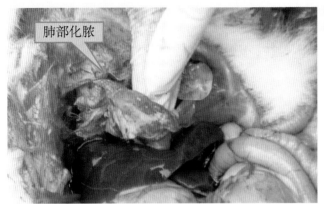

● **防治措施**　保持兔舍内清洁干燥、通风换气良好、减少各种应激因素，保持营养平衡，增强机体抵抗力，定期消毒，在高发病兔场或季节可进行免疫预防，或定期在饲料（饮水）中添加泰乐菌素、氟苯尼考等药物进行预防。

对于患兔要立即隔离治疗。淘汰病情严重的患兔。

药物治疗：10%氟苯尼考肌内注射，每只1～2毫升，每天2次，治愈为止；青霉素、链霉素肌内注射，每千克体重各5万单位，每天2次，治愈为止。

皮 肤 真 菌 病

本病一年四季均可感染发病，可通过用具、人员往来、空气等直接或间接方式传播。仔幼兔比成年兔更易感染发病，长期处在高温、高湿、兔舍污秽、卫生条件差、通风采光不良等环境下可增加该病的发病率。

● **临床症状**　本病感染部位主要为口、鼻、眼、耳，严重的可蔓延到腹部、背部等部位，临床表现为脱毛、断毛，患部有痂皮、炎症、溃疡，严重的化脓等症状。

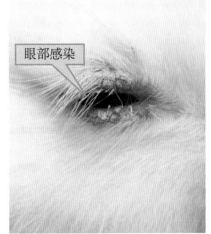

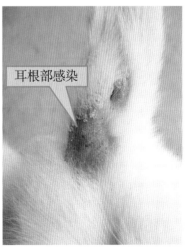

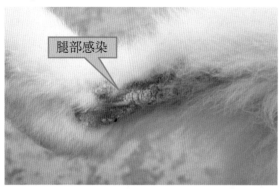

腿部感染

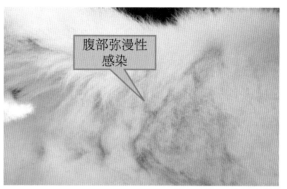

腹部弥漫性
感染

全身感染

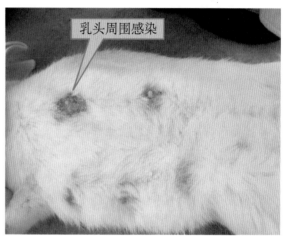

乳头周围感染

● **防治措施**　做好兔舍环境卫生、保持通风干燥，做好日常消毒工作。夏季做好防暑、防潮措施。外来人员和车辆进入兔场采用2%福尔马林或2%烧碱液进行严格消毒。同时严把引种关。

发现疑似病兔应立即隔离治疗或淘汰，兔舍内采用2%福尔马林或2%烧碱溶液进行严格消毒，同时采用抗真菌药治疗，避免人员串舍，工作人员要注意保护好自己，免受感染。

药物治疗：克霉唑口服，每兔0.35克，每天2次，连用15天；用柳酸酒精涂抹患部进行局部治疗。

二、寄生虫病

球　虫　病

不同品种家兔均易感染发病，幼兔更易感染发病，成年兔一般为带虫者而成为主要传染源。一年四季均可发生，阴雨潮湿季节表现更为严重。仔、幼兔主要通过吸乳或采食了被球虫卵污染的饲草、饮水等途径而感染发病。

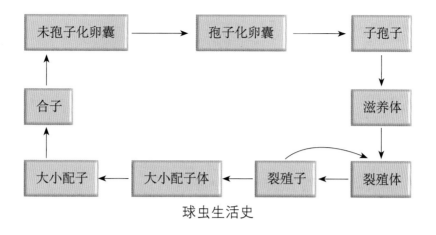
球虫生活史

● **临床症状**

➢ **肠型球虫病** 主要表现为身体消瘦，突然倒地，磨牙，尖叫而死，神经症状，有的表现为下痢与便秘交替，粪便有的带血，有的为黑粪。耐过兔生长速度缓慢。

➢ **肝型球虫病** 主要表现为厌食、虚弱、消瘦、被毛粗乱，腹围增大，肝触疼痛，后期可视黏膜黄疸或苍白。

➢ **混合型球虫病** 主要表现以消瘦、贫血、下痢、便秘，口鼻分泌物增多，尿量增多，后期有腹胀症状。

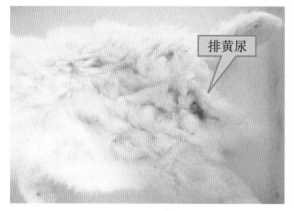

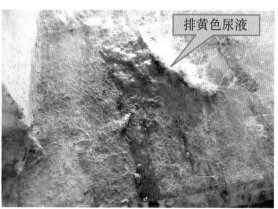

● **剖检病变**

➢ **肠型球虫病** 病理部位主要在肠道。主要表现为肠道弥漫性充血、出血，积气，有黏性内容物，发病严重的有白色球虫卵结节。

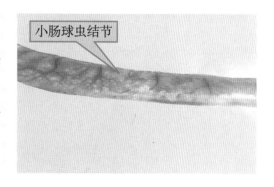

123

图解畜禽标准化规模养殖系列丛书　兔标准化规模养殖图册

➤ **肝型球虫病**　主要表现肝脏肿大，胆囊肿大，胆汁浓稠，肝上有白色球虫结节。结节内含大量球虫卵囊。

肝球虫结节

球虫引起胆囊肿大

肝球虫导致肝硬化

➤ **混合型球虫病**　具有肠球虫、肝球虫两种类型的病变。

● **防治措施**　做好平时清洁卫生，定期消毒，笼底板定期浸泡、晾晒。断奶后的兔群要及时与母兔分群饲养，保持兔舍清洁干燥。同时，采用抗球虫药进行预防，严格控制休药期，注意穿梭用药和轮换用药。

药物防治：用氯苯胍预混剂拌料，每吨饲料加150克（按药物有效成分计算），治疗时将抗球虫药剂量加倍，同时添加维生素K辅助治疗，连续用药5～7天后改为预防用量，屠宰前停药7天以上；0.5%地克珠利，每吨饲料加200克，屠宰前停药14天以上。

螨　虫　病

兔螨虫病主要包括痒螨和疥螨。该病是家兔常见体外寄生虫病，一年四季均可发生，不同年龄段均可感染发病。

● **临床症状**　兔痒螨主要寄生于外耳道内，引起外耳道炎，渗出物常干燥形成黄色痂皮塞满耳道。患兔表现有痒感，烦躁不安，用爪抓搔耳朵。若治疗不及时虫体向耳内延伸，进入内耳、脑部，出现神经症状。

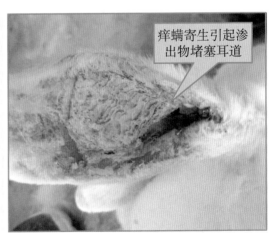

痒螨寄生引起渗出物堵塞耳道

兔疥螨一般寄生于脚趾、嘴、鼻、眼圈等少毛部位，患部出现脱毛、掉毛、皮肤龟裂、炎症、结痂等症状。患兔表现痒感，影响采食和运动，若不及时治疗则患兔极度瘦弱而死。

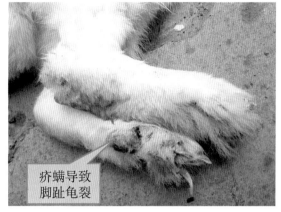

疥螨导致脚趾龟裂

疥螨感染引起脚趾肿大

感染家兔啃咬脚趾

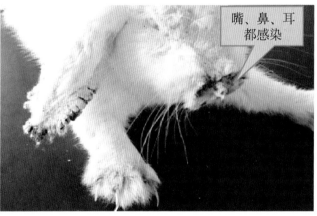

嘴、鼻、耳都感染

● **防治措施**　该病防治可采用伊维菌素或芬苯达唑等药物。

药物治疗：伊维菌素肌内注射，每千克体重0.2毫克，隔7～10天后再用药1次。

豆状囊尾蚴病

该病一般呈散发，不同品种、不同年龄阶段的家兔均可感染发病。

● **病原生活史**　豆状囊尾蚴寄生于兔的脏器，似黄豆或豌豆样水疱，透明。兔为豆状带绦虫的中间宿主，犬、猫和狐狸等野生动物为终末宿主。

排出含卵节片

吞食带蚴内脏

食入污染节片和卵的饲草

● **临床症状** 轻度感染一般不表现任何临床症状，但生长速度减慢。严重感染时表现为身体消瘦，贫血，精神沉郁，被毛粗乱，消化紊乱，甚至死亡。

● **剖检病变** 感染严重的病兔剖检发现肝脏、腹腔、大网膜、肠系膜上有数量不等的豆状囊尾蚴，呈水疱样，数量多时呈串珠样。有的肝上有虫体移行的轨迹，肝脏肿大，腹水等症状。

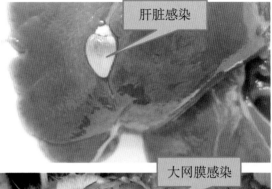

肝脏感染

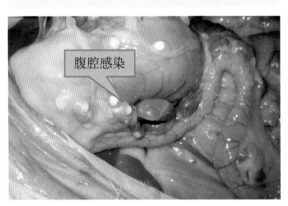

腹腔感染

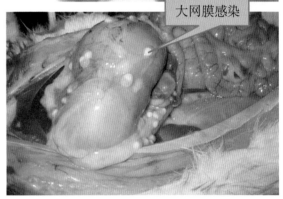

大网膜感染

● **防治措施** 定期驱虫，严防狗、猫进入兔场、兔舍，特别要防止狗、猫粪便污染饲料、草料和饮水。严禁用患病的兔内脏或死兔喂养犬、猫。

药物治疗：吡喹酮皮下注射，每千克体重25毫克，每天1次，连用3～5天；丙硫苯咪唑口服，每千克体重35毫克，每天1次，连用3～5天。

三、普通疾病

腹泻、腹胀

主要是指家兔粪便不成形、稀粪、水样粪便、家兔腹围增大等症状为主的疾病。一般天气急变、饲养环境和条件较差、饲料霉变、各种应激等因素易诱发该病。

● **临床症状** 患兔表现为被毛粗乱，精神沉郁，饮食欲减退或废绝，腹泻，腹围增大等症状。

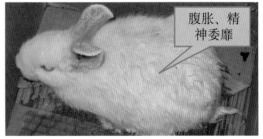

腹胀、精神委靡

● **剖检病变** 主要表现胃部膨大，充满粥样内容物，小肠充血、出血，内有黏液样内容物，肠壁变薄等。

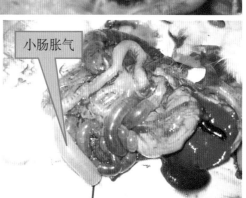

胃膨大

小肠胀气

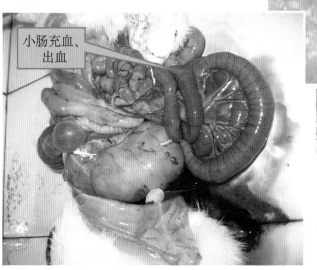

小肠充血、出血

● **防治措施** 加强饲养管理，特别是断奶前后的仔、幼兔，减少应激因素，保证饲料品质，做好日常防疫工作。

治疗时采用庆大霉素、环丙沙星类等药物，严重的采用5%葡萄糖腹腔注射补液，每只兔30～50毫升；腹胀患兔可采用二甲基硅油片口服治疗，每兔2片，每天2次；同时加强运动。

乳 房 炎

该病主要由金黄色葡萄球菌感染引起，一般母兔产后几天内发病率较高，多因仔兔咬伤乳头或其他锐利物刮伤乳头后感染所致。

● **临床症状** 患兔乳区表现为红、肿、热、痛，母兔拒绝哺乳。到后期化脓、溃疡，有脓液排出。一般仔兔会因缺乳死亡。

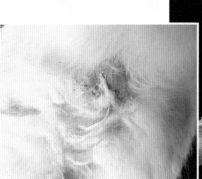

乳区化脓、穿孔   乳头化脓

127

● **防治措施**　防治母兔外伤感染，做好接产准备，产仔箱做好消毒工作，预防母兔缺乳、无乳或泌乳过多。同时做好母兔产后保健工作。

早期乳房炎可采用2%普鲁卡因青霉素皮下封闭注射，每天1次，连用数日，治愈为止。后期化脓必须排除脓液，严格消毒，同时采用磺胺类药物肌内注射全身疗法，直到患兔痊愈。

黄　尿　病

该病主要发生于哺乳期仔兔，仔兔吮食了患有乳房炎母兔的乳汁而感染引起的一种急性肠炎病。

● **临床症状**　仔兔排黄尿，昏睡，体软，污染垫料，患兔后肢、尾部被黄尿污染，腥臭，严重的全窝仔兔全身发黄，患兔体质虚弱而死。

黄尿病症状

● **防治措施**　预防乳房炎发生，喂奶时及时检查有无病情发生。治疗时寄养患兔，并采用庆大霉素或磺胺类药物滴服，每次3滴，每天2次，康复为止；同时治疗母兔乳房炎。

流产、死胎

该病主要由噪音过大、饲草霉变、药物中毒、机械因素等造成。

● **临床症状**　主要表现为怀孕母兔未到分娩期或临产前后分娩，产下胎儿不成形，死胎。

畸形胎

死　胎

● **防治措施** 加强怀孕母兔的饲养管理，防止近亲繁殖，禁喂腐败、变质饲草，严格规范药物的使用，减少噪音等应激因素。

脚 皮 炎

本病是家兔四肢的趾骨侧面和趾骨底面发生创伤、炎症、溃疡，严重的继发感染形成化脓等症状。

脚 皮 炎

● **防治措施** 保持兔笼底板平整、干净，无锋利异物，发现患兔要及时隔离治疗，对严重患兔淘汰处理。

消除患部污物，清洗消毒，去除坏死组织，然后用青霉素粉撒布患处，用纱布包扎患部，每隔3～4天换药1次，治愈为止。

结 膜 炎

本病主要表现为眼结膜、眼球膜红、肿，有浆液性或黏液性分泌物流出，严重患者出现眼部化脓，上、下眼皮粘连，羞明等症状。

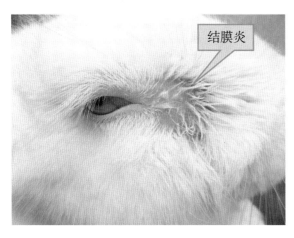

结膜炎

严重者羞明

● **防治措施**　保持兔舍内空气质量良好，减少异物、异味等刺激因素，对于患兔可采用眼药水滴服，每天2次，治愈为止，对于严重患者要及时淘汰。

缺乳、无乳

该病主要指分娩母兔泌乳不足或无乳，造成仔兔吸乳不足，饥饿而死。

● **防治措施**　防止母兔初配过早，满足泌乳母兔的营养需要。对于泌乳不足或无乳的母兔增加饲料喂量，同时可适量添加黄豆、红糖水、米汤等进行催乳，仔兔可采用寄养方式，防止死亡。

（以上两节图片均由任永军提供）

6 第六章 粪污及病死兔无害化处理

第一节 粪污无害化处理

养兔产生的粪污无害化处理严格按照《畜禽粪便无害化处理技术规范》（NY/T 1168—2006）的要求进行，资源化利用是其核心内容和首要原则，常采用以下几种方法进行处理。

● **堆肥法** 堆肥法是目前农村家兔养殖中处理粪污的常用方法。粪污通过堆积发酵一定时间，由自身产生的温度来杀死病原微生物和寄生虫卵，可起到使粪便减量、脱水、除臭、无害的作用。

堆积发酵处理

● **沼气产能法** 沼气产能法是将粪污转化为能源等方式进行的无害化处理。沼气产能法主要配套设施和设备有进料口、出料口、发酵间、贮气间、水压间、导气管、沼气调控器等。

沼气池

出料口

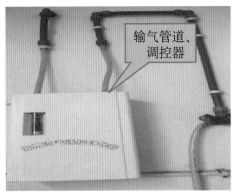

输气管道、调控器

产能

● **沉淀法** 沉淀法主要用于处理家兔养殖环节中产生的污水。其主要流程为：污水调节—厌氧酸化水解—好氧处理—沉淀吸附。

污水沉淀池

● **土地还原法** 该方法是指采用农牧业相结合的方式来处理堆积发酵、沼气产能、沉淀法等已经处理过的粪便、污水，土壤通过吸收粪污中养分来净化粪污，同时又为农业生产提供了充足的肥料，形成一条"草—兔—粪—农"的生态循环养殖链条。

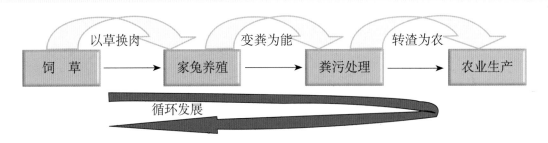

（本节图片均由任永军提供）

第二节 病死兔的无害化处理

病死兔的无害化处理严格按照《病害动物和病害动物产品生物安全处理规程》（GB16548—2006）的要求进行，通常采用以下处理方法。

● **掩埋处理**　处理病死兔常用的方法是掩埋，掩埋地远离公共场所、居民住宅区、饮用水源地、河流等地区，掩埋前对病死兔实施焚烧处理。掩埋坑底铺2厘米厚生石灰，掩埋后需将掩埋土夯实；病死兔上层距地表1.5米以上；掩埋后地表用消毒药喷洒消毒。

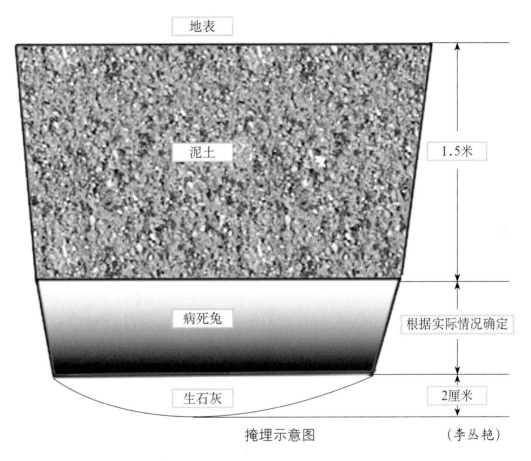

掩埋示意图　　　　　　　　　　（李丛艳）

● **焚毁处理**　将病死兔投入焚化炉或用其他方式烧毁碳化，焚烧处理要求在指定地点进行。规模化兔场一般要配备焚化设施，在养殖业集中区，可联合兴建焚化处理厂，由专门的运输车辆负责运送病死兔到焚化厂，集中处理。

第七章 兔产品初加工

第一节 家兔屠宰

一、屠宰兔的选择及宰前处理

● **宰前检疫** 被宰兔必须是来自非疫区的健康兔。宰前应进行严格的健康检查，膘情正常、发育良好、确认健康的转入饲养场进行宰前饲养。病兔或疑似病兔按《畜禽屠宰卫生检疫规范》（NY 467—2001）的要求进行急宰或缓宰。

宰前检疫是保障肉食品安全的重要环节

（李丛艳）

● **宰前暂养** 经检疫合格的待宰兔，可按产地、品种、强弱等情况进行分群、分栏饲养。对肥度良好的兔，要进行恢复饲养，以减少运输途中所受的损失；对瘦弱兔则应采取肥育饲养，以期在短期内迅速增重。宰前饲养应以精料为主，青料为辅，尤以大麦、玉米、甘薯、南瓜等碳水化合物含量高的饲料最为适宜。

宰前暂养 （郑 洁）

● **宰前断食** 兔屠宰前应断食12小时以上，并保持环境安静，充足饮水，但宰前2～4小时停止供给饮水，避免倒挂放血时胃内容物从食道流出。

宰前断食 （李丛艳）

二、家兔屠宰

家兔屠宰的方法有机械化屠宰和手工屠宰两种。现代化兔肉加工过程是采取机械流水线作业，即用空中吊轨移动装置，进行屠宰与加工。机械屠宰优点效率高，劳动强度低，减少污染，保证兔肉的新鲜卫生，适用于大规模、工厂化生产，以便及时进行皮、肉加工。手工宰杀具有操作简便易行、投资极少的特点。

● **工艺流程**

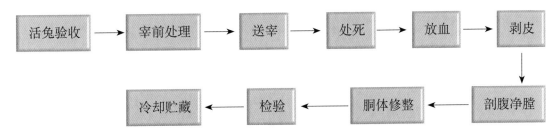

活兔验收 → 宰前处理 → 送宰 → 处死 → 放血 → 剥皮

冷却贮藏 ← 检验 ← 胴体修整 ← 剖腹净膛

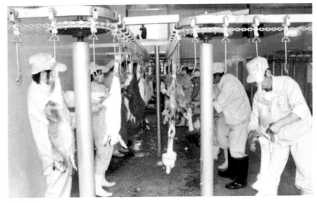

肉兔屠宰

● **关键技术**

➤ **致死与放血**　常用的处死方法有颈部移位法、棒击法和电麻法，致昏或致死后再放血，也可直接割断颈动脉放血致死法，注意不要让毛皮受污损。

颈部移位法

　　左手抓住后肢，右手捏住头部，将兔身拉直，突然用力一拉，使头部向后扭，颈椎脱位致死

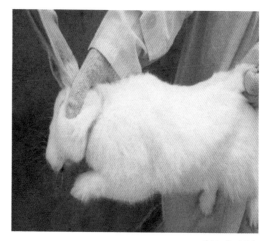

（任永军）

（任永军）

棒击法

　　一手提起兔，另一手持木棒猛击耳根延脑部致死

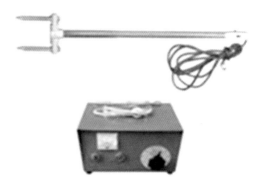

电麻法

　　用70伏、0.75安培电麻器轻压耳根部，使兔触电致死

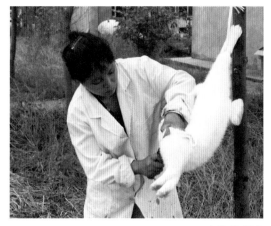

（李丛艳）

放血

先将兔倒挂起来，用小利刀在兔颈部破皮后割断颈动脉血管，放出体内血液使家兔死亡

➤ 剥皮　将处死放血的兔子后肢用绳拴起，倒挂在柱子上；截去前肢（腕关节处截断）和尾巴；用锋利刀自后肢跗关节处，将四周毛皮向外剥开翻转，先仔细剥开一条后肢皮后，用退套法剥至头部，至耳根再与头皮割裂，即成毛朝里皮朝外的筒皮，注意不能损伤皮质。

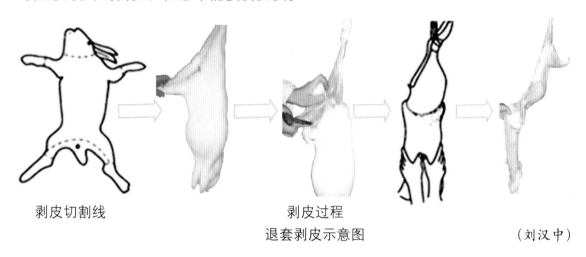

剥皮切割线　　　　　　　　剥皮过程
　　　　　　　退套剥皮示意图　　　　　　　　（刘汉中）

➤ 剖腹净膛　屠宰剥皮或煺毛后应剖腹净膛。先用刀切开耻骨联合处，分离出泌尿生殖器官和直肠，然后沿腹中线打开腹腔，取出除肾脏外的所有内脏器官。打开腹腔时下刀不要太深，以避免刺破脏器，污染胴体。取出脏器时，还应进行宰后检验。

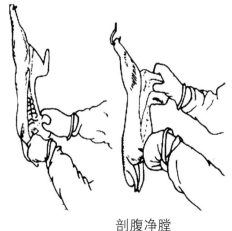

剖腹净膛

> **胴体修整** 检验合格的胴体，在前颈椎处割下头，在跗关节处割下后肢，在腕关节处割下前肢，在第一尾椎处割下尾巴。并按商品要求进一步整形，去除残余的内脏、生殖器官、腺体和结缔组织，还应摘除气管、腹腔内的大血管，除去胴体表面和腹腔内的表层脂肪，最后用水冲洗胴体上的血污和浮毛，沥水冷却。

胴体修整

三、胴体分割

新鲜兔肉分割和切块如图所示，主要可分为三部分，即前腿肉、背腰肉及后腿肉。

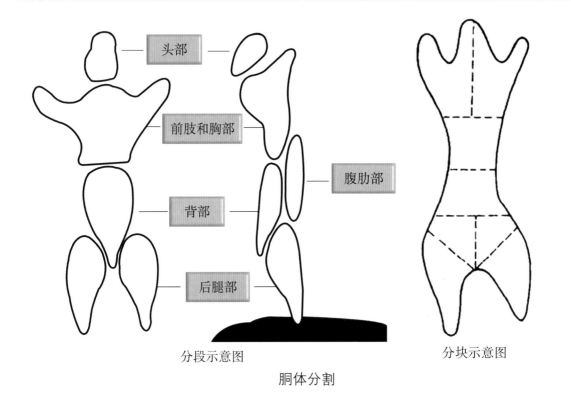

分段示意图　　　　　　分块示意图

胴体分割

第二节　兔肉制品加工

一、产品分类

我国兔肉制品加工历史悠久，产品种类丰富。传统的风味兔肉制品是我国劳动人民几千年的制作经验和智慧的结晶，具有色、香、味、形俱佳的特色。我国现代化兔肉加工起步时间晚，发展速度快，兔肉产品经历了从冷冻肉到热鲜肉到冷鲜肉的发展轨迹，速冻方便肉类食品发展迅速，传统兔肉制品逐渐走向现代化。近年来，一些企业引进了新的加工设备和生产工艺，开发出方便食品、功能性食品、休闲食品和旅游食品等多种兔肉产品，丰富了肉制品的种类，参照我国2011年颁布实施的肉制品分类标准，现将主要兔肉制品分类如下：

兔肉制品类型及产品举例表

序　号	门　类	类	兔肉产品举例
1	腌腊肉制品	咸肉类	咸干兔
		腊肉类	腊兔、板兔、缠丝兔
		腌制肉类	四川酱兔、风干兔肉
2	酱卤肉制品	白煮肉类	口水兔、白切兔肉
		酱卤肉类	四川卤全兔、酱汁兔腿
		糟肉类	糟兔
		肉冻类	兔肉啫喱肠、兔肉水晶肠
3	熏烧焙烤制品	熏烤肉类	熏兔
		烧烤肉类	四川百膳烤兔、麻辣烤兔腿
		焙烤肉类	兔肉脯
4	干肉制品	肉松类	兔肉松、油酥兔肉松、肉松粉
		肉干类	麻辣、五香、咖喱兔肉干
5	油炸制品	油炸肉类	红油兔、油炸兔腿
6	香肠制品	火腿肠类	兔肉火腿肠
		熏煮香肠类	兔肉粉肠、兔肉切片熏肠
		中式香肠类	兔肉腊肠、肉枣肠
		发酵香肠类	兔肉迷你萨拉米
		调制香肠类	兔肉血肠、兔肉蒜肠
		其他肠类	
7	火腿制品	中式火腿	
		熏煮火腿	兔肉盐水火腿、兔肉挤压火腿

（续）

序　号	门　类	类	兔肉产品举例
8	调理肉制品	肉糕类	兔肉糕、兔肉肝糕
		其他预调理类	兔肉丸、兔肉卷、兔肉排等
9	其他肉制品	肉罐头类	红烧兔肉罐头、清蒸兔肉罐头

二、基本工艺

兔肉加工工序主要包括兔胴体整理、修割、腌制、烘烤、搅拌、滚揉、斩拌、灌制、烟熏、蒸煮、包装。各工序图示如下。

兔肉整理、修割

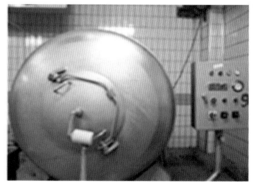

兔肉滚揉、腌制

兔肉烘烤

兔肉腌制

兔肉斩拌

兔肉烟熏、蒸煮

兔肉火腿灌制

无菌包装

真空包装

三、产品加工

● **冷鲜兔肉**　冷鲜兔肉也叫冷却兔肉或冰鲜兔肉，是指家兔经检验合格屠宰后迅速冷却，并从分割、运输、贮存、流通到消费全过程始终保持在0～4℃不中断冷链条件下的生鲜兔肉。冷鲜兔肉所用肉兔应按《鲜、冻兔肉》（GB/T 17239—2008）的要求进行屠宰，屠宰加工过程中的卫生要求按《肉类加工厂卫生规范》（GB 12694—1990）的标准执行。冷鲜兔肉产品见下图，加工工艺为：

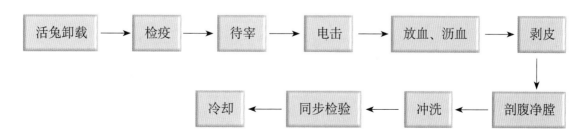

活兔卸载 → 检疫 → 待宰 → 电击 → 放血、沥血 → 剥皮

冷却 ← 同步检验 ← 冲洗 ← 剖腹净膛

冷鲜兔肉产品

● **冻兔**　冻兔是兔肉冷却包装入箱后，经快速冻结的兔肉。加工工艺如下：

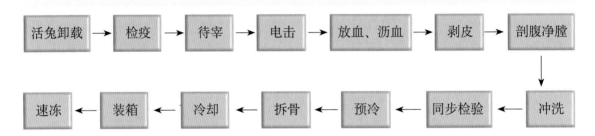

活兔卸载 → 检疫 → 待宰 → 电击 → 放血、沥血 → 剥皮 → 剖腹净膛

速冻 ← 装箱 ← 冷却 ← 拆骨 ← 预冷 ← 同步检验 ← 冲洗

冻兔产品

● **预调理兔肉系列**　预调理兔肉制品是以符合卫生标准的兔肉为原料，按照传统调味方式，再根据不同产品类别对原料肉进行注射、滚揉、腌制、加工、分切、调味、调质、分装、冷却等调理加工，再包装或不包装的产品。工艺流程如下：

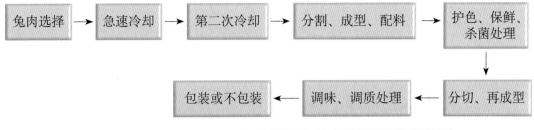

兔肉选择 → 急速冷却 → 第二次冷却 → 分割、成型、配料 → 护色、保鲜、杀菌处理

护色、保鲜、杀菌处理 ↓

包装或不包装 ← 调味、调质处理 ← 分切、再成型

预调理兔肉系列

● **腌腊制品**　腌腊兔肉制品是兔肉经腌制、酱渍、晾晒（或不晾晒）、烘烤等工艺制成的生肉类制品，食用前需再加工，产品如缠丝兔、板兔等。

缠 丝 兔　　　　板 兔

● **香肠制品**　兔肉香肠是以兔肉为主要的原料，经切碎或绞碎成肉丁，用食盐、（亚）硝酸盐、辣椒、曲酒、五香粉和酱油等辅料腌制后，充填入可食性肠衣中，经晾晒、风干或烘烤等工艺制成的肠衣类制品，主要有川式香肠和广式香肠等。

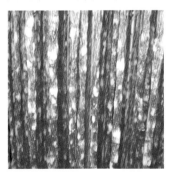

广式甜味兔肉肠　　　　　兔肉枣肠

● **肉干制品**　主要包括兔肉干和兔肉松，它们都是兔肉经预煮、切片（条、丁）、调味、复煮、收汤和干燥等工艺制成的干、熟肉制品。兔肉干根据调料分为五香、麻辣、沙爹、咖喱等不同味型，兔肉松根据调味可分为甜味、五香、海味等不同味型。

兔肉干　　（李丛艳）　　　　　　　　兔　肉　松

● **烧烤、烟熏制品**　烟熏烧烤兔肉制品是兔肉经腌制后，以烟气、高温空气、明火或高温固体为介质的干热加工或熏制加工制成的熟肉类制品，产品有烧烤兔、烟熏兔等。

五香烤兔

● **酱卤兔肉**　酱卤兔肉是新鲜兔肉加调料和香辛料以水为加热介质，煮制而成的熟肉类制品。有白煮肉类、酱卤肉类和糟肉类等。

酱卤兔肉

● **火腿制品**　主要有盐水火腿和挤压火腿，它们均以兔肉为原料，与猪肉、禽肉等其他肉类组合，添加辅料，加工而成。

兔肉盐水火腿

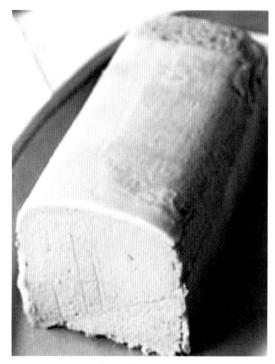

兔肉挤压火腿

第三节　皮毛初加工

一、兔皮初加工

● **兔皮的处理**

➢ **刮油除污**　将从兔体上剥下的鲜筒皮，切除头部、四肢和兔尾等部分，沿腹正中线剖开成片皮，皮板上附着的油脂、血迹、残肉和粪、泥等污物，不仅影响皮板整洁，而且不利于生皮的保管，易造成皮板假干、油烧、霉烂、脱毛等，降低毛皮的使用价值。

> 刮油时先将獭兔皮被毛朝下，平整铺放在清洁的平板上，用钝刀或刀背先从皮边缘往里刮，再从尾部往头部刮，直至将皮板上的油脂、残肉、韧带刮尽。应注意不要在刮的过程中产生皱褶，否则容易刮破，损伤皮板

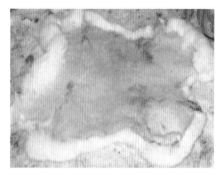

兔皮刮油除污　（雷　岷）

➤ **防腐**　獭兔皮刮油去污后，应立即进行防腐处理，否则易导致腐败性脱毛或烂皮。目前，普遍采用的方法是盐腌法。盐腌具有使皮板脱水和破坏细菌微生物生长的功效，以达到杀菌防腐的目的。

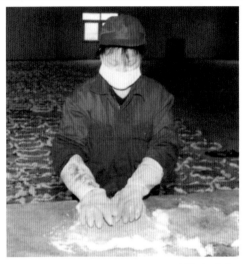

（任克良）

盐腌脱水处理

　　将剥下的片皮或筒皮，按鲜皮重35%～50%的用盐量，或夏季每张皮用0.15千克的工业盐，冬季用0.1千克。在皮板上均匀擦抹，然后皮板对皮板，被毛对被毛叠放24～48小时左右，将皮腌透

防腐处理后的兔皮

（刘汉中）

➤ **晾晒**　将盐腌皮被毛朝下，皮板朝上放置，让其自然伸展，摆正背腹，避免回缩卷边，进行晾晒。晾晒至八九成干后，将皮张以板对板、毛对毛重叠，注意保持皮张平整、舒展。第二天继续晾晒，直到全干为止。视季节、室外温度不同，采取不同晾晒方法。春、冬两季可直接晾晒；夏、秋两季严禁暴晒，只能阴干。严格地说，当室外温度高于25℃时，采取阴干。将晾晒干的皮张，按皮张颜色和不同等级分类分级，将同颜色、同等级皮张以板对板、毛对毛、50张一捆进行打捆，每2捆或4捆用编织内膜袋装袋、密封贮藏。

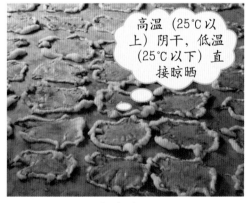

高温（25℃以上）阴干，低温（25℃以下）直接晾晒

兔皮晾晒　　（任克良）

● **兔皮的保存**　兔皮经防腐处理、晾干分级包装后，保存在具备通风、隔热、防潮、有足够光线的条件下。最适宜的贮存温度为5～25℃，相对湿度为60％～65％。兔皮贮存时要严格检查，注意防潮、防霉、防虫、防鼠等。

对兔皮进行分组保存

（刘汉中）

➤ **防潮、防霉**　将兔皮贮放在通风干燥的地方，并在间断的时间内进行晾晒。有条件的可在贮皮室内安放抽湿机，保持室内干燥。

➤ **防虫蛀**　兔皮在春、夏季容易被虫蛀。因此，在兔皮打捆入库时，给每张皮板上撒上防虫药精萘粉或二氯化苯等。如发现皮已经被虫蛀时，可直接喷洒灭害灵，第一次喷洒后3～5天，再喷洒1～2次。

➤ **防鼠**　如发现库房内有鼠洞，可用水泥拌碎玻璃或碎瓷片堵洞，也可采用毒饵诱杀的方法灭鼠。

（任永军）

二、兔毛初加工

● **兔毛的分级**

长毛兔兔毛分级的主要质量评价指标有：毛长度、直径、粗毛率、松毛率、短毛率和外观特征，其中毛长度、直径和外观特征是主要评定指标。

分级标准如下：

长毛兔 I 类兔毛分级技术要求

级别	平均长度（毫米）≥	平均直径（微米）≤	粗毛率（%）≥	松毛率（%）≥	短毛率（%）≤	外观特征
优级	55.0	14.0	8.0	100.0	5.0	颜色自然洁白，有光泽，毛型清晰，蓬松
一级	45.0	15.0	10.0	100.0	10.0	颜色自然洁白，有光泽，毛型清晰，较蓬松
二级	35.0	16.0	10.0	99.0	15.0	颜色自然洁白，光泽稍暗，毛型较清晰，蓬松
三级	25.0	17.0	10.0	98.0	20.0	自然白色，光泽稍暗，毛型较乱

[摘自中华人民共和国国家标准，安哥拉兔（长毛兔）兔毛（GB/T13832—2009）]

兔毛分级　　　　　　　　　　（赖松家）

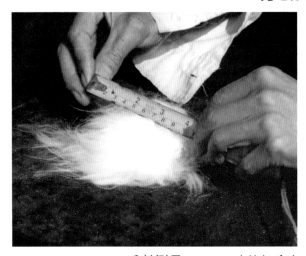

毛长测量　　　　（赖松家）

毛重测量　　　　（赖松家）

● **兔毛的保存**　采集和收购的兔毛，应按等级分别贮存，注意事项如下：①防潮，可采用专门仓库或木柜贮存，也可置于铁架或木架上贮藏，仓贮要求干燥、清洁、通风良好，切忌兔毛直接接触地面和墙壁。②防压。③防虫蛀，兔毛中可放袋装樟脑丸或其他防虫剂。

防挤压

防潮

货架存放

防虫蛀

兔毛保存要求　　　　　　　　　　　　（赖松家）

（本章未标注提供者名字的图片均由王卫提供）

第八章　兔场经营管理

第一节　生产管理

一、计划管理

● **确定经营方向和规模**

➤ **经营方向**　先进行市场调研，了解产品行情和销售渠道，然后进行养殖效益分析，最后确定经营方向。

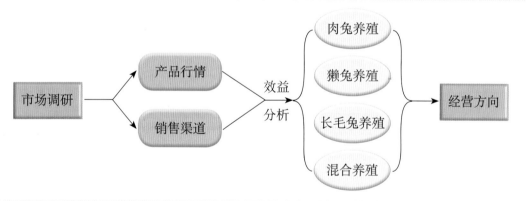

每只商品肉兔的养殖效益分析，以2011年四川肉兔养殖为例：

项　目	规模化场	适度规模化场
成本	30元	21元
饲料费	14元	11.5元（补喂大量青饲料）
人工费	3.5元	0元（一般为家庭养殖，不计人工费）
药品费	1元	1元
水电费	1元	1元

（续）

项　目	规模化场	适度规模化场
种兔费	2元	2元
种兔饲料费	6元	4.5元
其他	2.5元	1元
收入	32～36元	32～36元
重量	2.00千克	2.00千克
单价	16～18元/千克	16～18元/千克
利润	2～6元	11～15元

➢ 生产规模

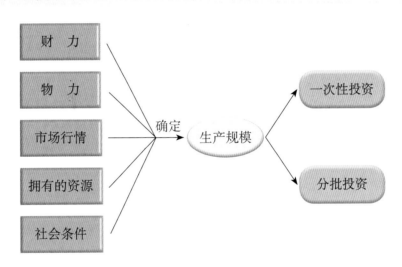

生　产　规　模

养殖户类型	能繁母兔数量（只）	年出栏（只）
适度规模化场	100～400	3000～12000
规模化场	400以上	12000以上

➢ **饲养方式**　现代养兔一般采用笼养，养殖设备先进，种兔优良，饲喂全价颗粒饲料，根据实际情况补喂青饲料，保证良好的环境条件，经济效益较高。

● **制定经营计划**

➢ **生产计划**　生产计划是对年度生产任务的一种具体安排，是养兔场年度综合计划的核心。

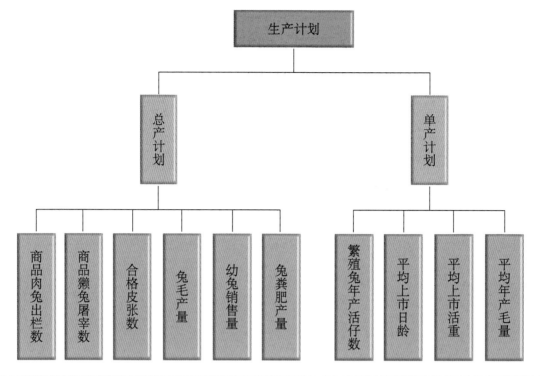

单产计划是控制兔场生产水平的重要手段。

➤ 利润计划　兔场应根据当年兔群生产状况、市场价格及销售指标等实际情况，本着积极可靠的原则，明确每人养多少兔，每人每年生产成本、收入要执行"五定一包"计划。

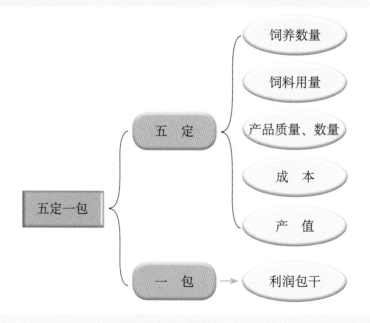

利润包干：由饲养者与兔场签订合同，将利润计划指标下达到个人。

➢ **兔群更新、周转计划**

规模为400只繁殖母兔的肉兔场种兔更新方案

繁殖母兔规模	公　兔		每年更新比例	每年更新数量	
	数量（只）	使用年限（年）		公兔（只）	母兔（只）
400	40 ~ 60	3	1/3	16 ~ 20	136 ~ 140

　　在年龄结构上，青年兔和老年兔的生产性能较低，1 ~ 2岁兔的繁殖性能和产毛性能最佳。每年需对兔群进行一次定期淘汰更新。另外，还可根据上年繁殖情况制定当年繁殖种兔淘汰或新引进种兔的计划，根据市场、人员或资金等情况制定饲养群的扩大或压缩等计划。

➢ **物资供应计划**

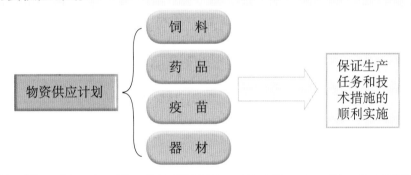

➢ **产品销售计划**　包括销售渠道、种类、数量、价格等。
➢ **抓好技术关键**

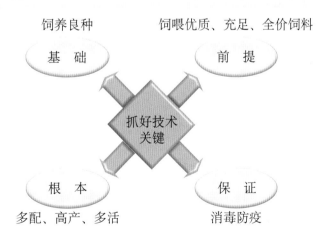

二、指标管理

● **兔群结构指标**　合理的兔群结构是提高整个兔群生产水平的措施之一。

应根据兔生长发育、繁殖的各个生理阶段的特点及其与生产性能的关系，调整兔群结构，达到生产水平的最佳状态。繁殖兔必须坚持按不同经济类型种兔标准留种和更新淘汰制度，始终保持兔群结构合理，每年更新淘汰率为15%～25%。

兔群合理的年龄结构

● **参考指标**　将整个生产过程分为繁殖和生产两个阶段，每个饲养员只负责其中一个阶段，根据饲养员整体技术的熟练程度制定相应的技术指标。

一个饲养员建议饲养数量

繁 殖 阶 段			
种母兔数量（只）	后备母兔数量（只）	公兔数量（只）	
		商品兔场	种兔场
150 ～ 250	50 ～ 100	15 ～ 25	25 ～ 42

生 产 阶 段		
项目＼类型	商品肉兔	商品獭兔	毛兔
饲养量（只）	1 800 ～ 2 000	1 000 ～ 1 500	200 ～ 400

技 术 指 标				
每月产仔窝数（窝）	每年产仔窝数（窝）	总产仔数（只）	仔兔断奶成活率	断奶至出售成活率
60 ～ 100	720 ～ 1 200	4 320 ～ 8 400	95%	85%

三、信息化管理

为搞好兔场生产情况监测，提高利润，兔场应详细记录繁殖、育肥、销售、饲料、成本投入等情况。首先给兔子编号，以方便进行信息化管理；其次购买专用的兔场管理软件或使用OFFICE的电子表格自制电子档案，电子档案应包括种兔档案、配种记录、仔兔档案、出场系谱等内容。利用兔场管理软件指导养兔生产，能够大大提高兔场的生产效率。

● 耳号、耳标

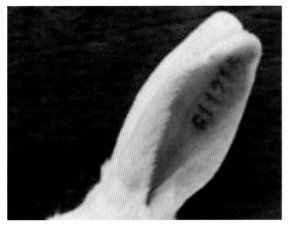
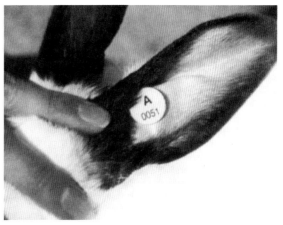

● 电子档案

➤ 种兔档案　记录每只种兔的信息，包括品种、饲养员、出生日期、防疫日期、繁殖状态、系谱资料（包括父亲、母亲等）及与之在三代内有血缘关系的不能相配的种兔情况等。

种兔：繁殖兔记录维护

| 新增 | 修改 | 保存 | 删除 |

兔类型　哈白兔　　　饲养员　张三　　　编号　H22055

性　别　母　　　　　父　号　H85054　　　母　号　H68544

出生日期　2009/03/13　防疫日期　2010/04/04　状　态　怀孕

| 第一个记录 | 上一个记录 | 下一个记录 | 最后一个记录 |

兔类型	编号	性别	父号	母号	状态	出生日期	防疫日期	饲养员
加利福尼亚兔	U22302	公	U85584	U63325	繁殖	08/01/01	10/05/04	李四
哈白兔	H22055	母	H85054	H68544	怀孕	09/03/13	10/04/04	张三
加利福尼亚兔	U52154	母	U22015	U20019	空怀	09/02/07	10/04/05	李四
比利时兔	B62015	公	B52689	B52005	繁殖	09/12/31	10/04/04	张三
比利时兔	B48571	母	B58564	B69855	空怀	09/12/06	10/04/03	张三
齐卡巨型白兔	G51255	公	G55656	G58458	繁殖	09/12/06	10/03/14	李四

➤ 配种档案　即配种信息，包括品种、饲养员、母兔号、与配公兔号、配种日期、预产期、产仔日期、产仔数、断奶成活数等内容。

种兔：配种记录维护

| 新增 | 修改 | 保存 | 删除 |

兔类型　齐卡巨型白兔　　　饲养员　张三　　　母兔号　G22153

与配公兔号　G22125　　　状态　怀孕　　　产仔数　8

断奶成活数　6　　　配种日期　2008/08/06

预产期　2008/09/05　　　　　产仔日期　2008/09/04

| 下一个记录 | 最后一个记录 |

兔类型	母兔号	与配公兔号	配种日期	预产期	产仔日期	产仔数	断奶成活数	饲养员
齐卡巨型白兔	G22153	G22125	08/08/06	08/09/05	08/09/04	8	6	张三
齐卡大型白兔	N22024	N26012	10/07/08	10/08/07	10/08/07	8	7	李四
比利时兔	B21546	B62015	10/07/09	10/08/08	10/08/08	9	8	张三
哈白兔	H22055	H60012	10/06/20	10/07/20	10/07/20	6	6	李四
比利时兔	B48571	B52653	10/07/19	10/08/18	10/08/18	9	8	李四
加利福尼亚兔	U52154	U22302	10/06/19	10/07/19	10/07/19	10	9	张三

➤ **仔兔档案**　包括品种、性别、出生日期、饲养员、父号、母号等情况。

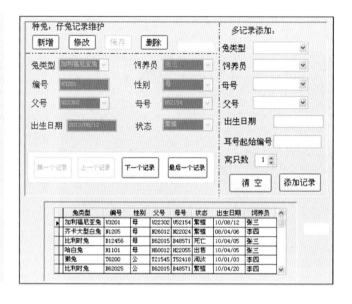

➤ **出场系谱档案**　主要记录每只出售种兔的品种、耳号、性别、出生日期、父亲、母亲、祖父、祖母等详细信息。

➤ 兔产品销售、饲料、药费、人员工资等支出情况电子档案。

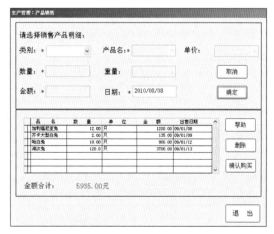

兔场免疫记录表						
兔品种	兔耳号	疫苗名称	疫苗产地	注射时间	注射剂量	下次注射时间

● **市场动态**　通过网上信息、行业内交流和实地调查等方式，及时了解市场行情，总结市场规律，并根据市场规模安排兔场生产。

第二节　经营管理

一、组织结构

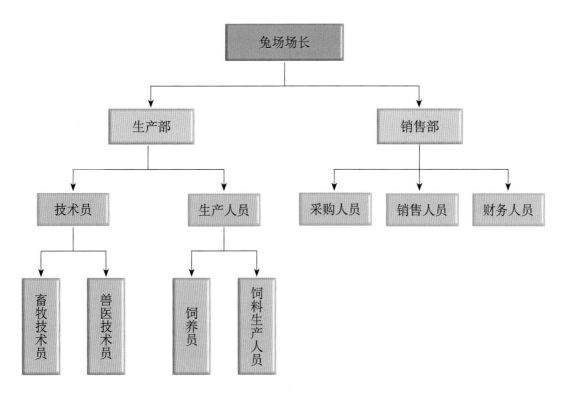

二、人员配置

兔场经营管理所需人员主要有管理、技术、生产、销售、采购和财务人员。
● **管理人员**

> 我的兔场规模小，自己当场长，管理整个兔场的生产、经营和销售

我的兔场规模大，聘请了行政管理人员、生产管理人员、财务管理人员和其他管理人员等

● 技术人员

我的兔场规模小，初期准备聘请1名技术人员，然后通过学习自己当技术人员

我的兔场规模大，聘请了畜牧技术员、兽医技术员等，指导养兔生产和兔病防治

● 生产人员

我的兔场规模小，只聘请了饲养员，饲料生产人员由一个饲养员兼职

我的兔场规模大，饲养员和饲料生产人员各负其责。提高饲养人员的技术水平及劳动积极性，是提高兔场养殖水平的关键

● **采购人员**

我的兔场规模小，饲料、药品等所有采购我全包了

我的兔场规模大，配备了专门的采购人员，因为饲料和药品质量的好坏决定了养兔成功与否，采购质量好、价格合理的饲料和药品是评价采购人员的重要指标之一

● **销售人员**　规模较大的兔场则需配备专业的销售人员，其对兔场产品销售起着重要作用。

● **财务人员**

我的兔场规模小，自己管理和记录兔场生产中发生的财务总账和各种明细账目

我的兔场规模大，聘请了包括专业会计和出纳的财务人员，共同管理和记录兔场内的一切经济往来

规模较小的兔场，各类人员一般不单独配备，多采用兼职形式，但分工必须明确。规模较大的兔场，各类人员需配备齐全，以利于兔场各项经营活动得以正常开展。

三、岗位职责

管理人员职责

1. 负责兔场的日常管理工作。
2. 负责兔场的人事安排和任免工作。
3. 制定兔场每年的生产计划和销售计划。
4. 负责监督兔场人员对兔场管理制度的执行情况，保证兔场生产的正常进行。
5. 对兔场人员进行技术考核，并组织兔场人员进行技术培训。
6. 对饲养员反映的问题及时处理，对当天死亡的兔及时组织兽医进行解剖，分析死亡原因，对症治疗。
7. 负责兔场的财务管理和核算工作。
8. 每年对当年的生产和销售进行总结，不断完善管理制度。

技术人员职责

1. 负责制定兔场的免疫程序、消毒制度。
2. 负责每天观察兔群的健康状况，发现病兔及时处理，避免疫病的蔓延。
3. 负责指导饲养员生产，提高每个饲养人员的养殖水平。
4. 监督饲养人员做好各项生产记录，并负责兔群发病记录、免疫记录、饲料使用记录等技术档案的填写工作。
5. 加强饲养管理监督，提高兔场生产成绩，降低死亡率。
6. 解剖病死兔，分析发病原因，解剖后须按要求进行焚烧或深埋。
7. 每月做好兔场繁殖、生长、选育、疫病防治等技术总结，并提出改进措施。

生产人员职责

1. 自觉遵守兔场日常管理制度，对工作要有责任心。
2. 严格执行兔场饲养管理操作规程，禁止外来人员进入兔舍。
3. 遵守兔场卫生防疫制度和消毒制度，每天打扫兔舍，保护兔舍清洁卫生，饲槽、笼底板随脏随洗；及时更换或维修损坏的饮水器，保证兔舍内干燥。
4. 每日观察兔子精神状态、采食情况、粪便情况，有问题及时向技术人员报告，并配合对兔群进行预防和治疗。
5. 做好日常生产记录，包括配种、摸胎、产仔、断奶、兔病防治、饲料药品领取等记录。
6. 不断总结经验、学习养殖技术，提高自身的养殖技术水平。

财务人员（会计）职责

1. 负责记好财务总账及各种明细账目。
2. 负责编制月、季、年终决算和其他方面有关报表。
3. 认真审核原始凭证，对违反规定或不合格的凭证应拒绝入账。要严格掌握开支范围和开支标准。
4. 定期核对固定资产账目，做到账物相符。
5. 每月书面汇报财务情况，发挥财务监督作用。
6. 协助出纳作好工资、奖金的发放工作。
7. 负责掌管财务印章，严格控制支票的签发。
8. 严格遵守、执行国家财经法律法规和财务会计制度，作好会计工作。

財务人员（出纳）职责

1.要认真审查各种报销或支出的原始凭证。

2.要根据原始凭证，记好账。书写整洁，数字准确，日清月结。

3.负责作好工资、奖金的造册发放工作。

4.根据规定和协议，做好应收款工作，定期向主管领导汇报收款情况。

5.严格遵守、执行国家财经法律法规和财会制度，做好出纳工作。

四、财务管理

搞好财务管理工作，应重点抓好财务管理的各项基础工作。否则，将造成核算数据不真实，资金利用效率低，账面失真，提供错误信息，导致决策失误，造成经济损失。

（本章图片均由雷岷提供）

参 考 文 献

鲍国连.2008.兔病鉴别诊断与防治[M].北京:金盾出版社.

蔡宝祥.2001.家畜传染病学[M].北京:中国农业出版社.

陈宝书.2001.牧草饲料作物栽培学[M].北京:中国农业出版社.

耿永鑫.2002.兔病防治大全[M].北京:中国农业出版社.

谷子林,任克良.2010.中国家兔产业化[M].北京:金盾出版社.

谷子林,薛家宾.2007.现代养兔实用百科全书[M].北京:中国农业出版社.

谷子林.2007.肉兔健康养殖400问[M].北京:中国农业出版社.

谷子林.2010.家兔养殖技术问答[M].北京:金盾出版社.

黄邓萍.2003.规模化养兔新技术[M].成都:四川科学技术出版社.

赖松家.2002.养兔关键技术[M].成都:四川科学技术出版社.

李福昌.2009.家兔营养[M].北京:中国农业出版社.

李福昌.2009.兔生产学[M].北京:中国农业出版社.

刘世民,张力,常城,等.1991.安哥拉毛兔营养需要量的研究[J].中国农业科学（3）79-84.

任克良,秦应和.2010.轻轻松松学养兔[M].北京:中国农业出版社.

任克良,石永红.2010.种草养兔技术手册[M].北京:金盾出版社.

任克良.2006.图说高效养兔关键技术[M].北京:金盾出版社.

桑润滋.2010.动物繁殖生物技术[M].北京:中国农业出版社.

沈幼章,王启明,翟频.2006.现代养兔实用新技术[M].北京:中国农业出版社.

唐良美.1998.养兔窍门百问百答[M].北京:中国农业出版社.

唐良美.2007.养兔问答[M].成都:四川科学技术出版社.

陶岳荣.2001.獭兔高效益饲养技术[M].北京:金盾出版社.

王成章,王恬.2006.饲料学[M].北京:中国农业出版社.

王丽哲.2002.兔产品加工新技术[M].北京:中国农业出版社.

王卫.2011.兔肉制品加工及保鲜贮运关键技术[M].北京:科学出版社.

徐汉涛.2003.种草养兔技术[M].北京:中国农业出版社.

杨凤.2006.动物营养学[M].北京:中国农业出版社.

杨正.2001.现代养兔[M].北京:中国农业出版社.

张宏福.2010.动物营养参数与饲养标准[M].北京:中国农业出版社.

张沅.2001.家畜育种学[M].北京:中国农业出版社.

周安国.2002.饲料手册[M].北京:中国农业出版社.

DB37/T 1835-2011　肉兔饲养标准[S].

DB51/T 1276-2011　肉兔生产技术规程[S].

GB 12694-1990　肉类加工厂卫生规范[S].

GB 16549-1996　畜禽产地检疫规范[S].

GB 16567-2006　种畜禽调运检疫技术规范[S].

GB/T 17239-2008　鲜、冻兔肉[S].

GB/T13832-2009　安哥拉兔(长毛兔)兔毛[S].

GB/T26604-2011　肉制品分类[S].

GB16548-2006　病害动物和病害动物产品生物安全处理规程[S].

NY 467-2001　畜禽屠宰卫生检疫规范[S].

NY 5129-2002　无公害食品·兔肉[S].

NY 5131-2002　无公害食品·肉兔饲养兽医防疫准则[S].

NY/T 1168-2006　畜禽粪便无害化处理技术规范[S].

NY/T 388-1999　畜禽场环境质量标准[S].

NY5027-2001　无公害食品·畜禽饮用水水质[S].

图书在版编目（CIP）数据

兔标准化规模养殖图册 / 谢晓红，易军，赖松家主
编．—北京：中国农业出版社，2013.1
　（图解畜禽标准化规模养殖系列丛书）
　ISBN 978-7-109-16380-5

　Ⅰ．①兔…　Ⅱ．①谢…②易…③赖…　Ⅲ．①兔—饲
养管理—图解　Ⅳ．①S829.1-64

　中国版本图书馆CIP数据核字（2011）第271527号

中国农业出版社出版
（北京市朝阳区农展馆北路2号）
（邮政编码 100125）
责任编辑　颜景辰

北京通州皇家印刷厂印刷　　新华书店北京发行所发行
2013年1月第1版　　2013年1月北京第1次印刷

开本：787mm×1092mm　1/16　　印张：11.25
字数：190千字
定价：88.00元
（凡本版图书出现印刷、装订错误，请向出版社发行部调换）